新型职业农民培育教材

牛羊规模化养殖技术

朱洪生　姚元福　代彦辉　主编

中国农业科学技术出版社

图书在版编目（CIP）数据

牛羊规模化养殖技术 / 朱洪生，姚元福，代彦辉主编 . —北京：中国农业科学技术出版社，2016. 1（2021.11重印）

ISBN 978 - 7 - 5116 - 2376 - 8

Ⅰ. ①牛… Ⅱ. ①朱…②姚…③代… Ⅲ. ①养牛学②羊 - 饲养管理 Ⅳ. ①S823②S826

中国版本图书馆 CIP 数据核字（2015）第 278318 号

责任编辑 王更新
责任校对 马广洋

出 版 者 中国农业科学技术出版社
北京市中关村南大街 12 号 邮编：100081
电 话 （010）82106639（编辑室） （010）82109702（发行部）
（010）82109703（读者服务部）
传 真 （010）82106639
网 址 http://www. castp. cn
经 销 者 各地新华书店
印 刷 者 北京捷迅佳彩印刷有限公司
开 本 850mm ×1 168mm 1/32
印 张 7. 875
字 数 185 千字
版 次 2016 年 1 月第 1 版 2021 年 11 月第 6 次印刷
定 价 28. 00 元

《牛羊规模化养殖技术》
编　委　会

主　编：朱洪生　姚元福　代彦辉

副主编：杨新杰　冯明祥　朱连生　吕建民　俊　荣

编　委：王　浩　吕清华　金淑会　朱先太　熊增先

蔡全珍　汪海平　李凤香　俞彩萍　陈宗萍

闫彦梅　何梅善

前　言

国家高度重视牛羊产业发展，国家不断加大对牛羊规模养殖扶持力度，加快转变牛羊产业发展方式，不断增强牛羊肉综合生产能力，提升牛羊标准化规模养殖水平。同时，支持牛羊等规模养殖场开展圈舍、粪污处理、防疫等标准化改造，改善养殖基础设施条件。在牛羊良种工程中，支持种畜场改善基础设施条件，提高种牛种羊供应能力，满足牛羊肉生产良种需要，同时提高养殖场户使用良种积极性，推广普及人工授精技术，增加农民牛羊养殖收益。

本书主要介绍牛羊养殖技术。共分六章，内容包括：牛生产筹划、牛饲养管理、牛场经营管理、羊生产筹划、羊饲养管理、羊场经营管理等内容。

本书简短易懂，内容丰富，针对性、实用性、操作性强。

编　者

目　录

模块一　牛规模化生产技术

模块二 羊规模化生产技术

模块一

牛规模化生产技术

第一章　牛生产筹划

第一节　牛的品种识别

在牛的品种当中，根据不同用途可将牛分为乳用型牛、肉用型牛、役用型牛、兼用型牛4种类型。

一、乳用牛品种

荷斯坦牛又称荷斯坦——弗里生牛，也简称荷斯坦牛或弗里生牛，因其毛色为黑白相间、界限分明的花片，故普遍称作黑白花牛，荷兰的弗里生及德国的荷斯坦是该牛的原产地。荷斯坦牛经历了2 000多年的培育，早在15世纪就以产奶量高而著称，现遍布世界各地。

荷斯坦牛被世界各国引入后，又经过长期的培育或与本国地方牛杂交而育成了适应当地环境条件且又各具特点的荷斯坦牛，有的被冠以本国名称，如加拿大荷斯坦牛、美国荷斯坦牛、中国荷斯坦牛等，有的仍以原产地命名。目前世界上的荷斯坦牛最具代表性的是：乳用型美国荷斯坦牛和乳肉兼用的荷兰及欧洲其他地区的荷斯坦牛。群体平均产奶量和最高个体产奶量均为各种奶牛品种之冠。

（一）乳用型荷斯坦牛

加拿大、美国、日本和澳大利亚等国的荷斯坦牛都属于乳用型荷斯坦牛。

1. 外貌特征

该牛具有典型的乳用型牛的外貌特征，成年母牛体型呈三角形，后躯发达；乳静脉粗大而弯曲，乳房大而发达，且结构良好；体格高大，结构匀称，皮下脂肪少，毛细短；毛色特点为界限分明的黑白花片，额部多有白星（大或小的白流星或广流星），四肢下部、腹下和尾帚为白色毛。

乳用荷斯坦成年公牛体重为900～1 200 kg，母牛为650～750 kg；犊牛初生重为38～50kg；公牛平均体高为145 cm，平均体长为190 cm，平均胸围为206 cm，平均管围为23 cm；母牛依次为135 cm、170 cm、195 cm和19 cm。

2. 生产性能

乳用型荷斯坦牛的泌乳性能为各乳牛品种之冠。母牛平均年产奶量为6 000～7 000 kg，乳脂率为3.5%～3.8%，乳蛋白率为3.3%。1980年，美国加利福尼亚州露安农场的439头母牛，年平均产奶量10 790 kg，平均含脂率3.5%，为最高产的牛群。产奶量最高个体是美国一头名为“Muranda Oscar Lucinda-ET”的成年牛，在1997年，365 d挤奶两次的条件下，创造了产奶量30 833 kg的世界纪录。

加拿大的荷斯坦牛生产性能仅次于美国。目前，不少国家主要从美国和加拿大引进乳用型荷斯坦牛冷冻精液或购入公牛来改良本国的荷斯坦牛。

（二）兼用型荷斯坦牛

兼用型荷斯坦牛主要是以荷兰本土的荷斯坦牛为代表的许多欧洲国家的荷斯坦牛。

1. 外貌特征

与乳用型荷斯坦牛相比，兼用型荷斯坦牛体格较小，四肢较短，但体躯较宽深，略呈矩形，尻部方正且发育良好；乳房前伸后展，附着良好，毛色与乳用型荷斯坦牛相似。

兼用型荷斯坦牛的公牛体重为 900 ~ 1 100 kg，母牛为 550 ~ 700 kg；犊牛初生重为 35 ~ 45 kg。青年公牛全身肌肉较为丰满，背部也较宽。

2. 生产性能

该型牛平均泌乳量比乳用型荷斯坦牛低 1 000 ~ 2 000 kg，年产奶量一般为 4 000 ~ 5 000 kg，高产个体可达 10 000 kg，乳脂率为 3.8% ~ 4.0%。它的肉用性能较好，经育肥的该型公牛，500 日龄平均活重为 556 kg，屠宰率为 62.8%，第 8 ~ 9 肋眼肌面积为 60 cm^2，据德国统计，其产肉性能接近西门塔尔牛的水平。该牛在肉用方面的一个显著特点是育肥期日增重高。据丹麦 1967—1970 年统计，517 头荷斯坦公牛平均日增重 1.195 kg，淘汰母牛经 100 ~ 150 d 育肥后屠宰，其平均日增重 0.9 ~ 1.0 kg，表现出较高的日增重。

（三）中国荷斯坦牛

中国荷斯坦牛是由纯种荷兰牛与本地母牛的高代杂种，经 100 多年选育而形成的，1992 年定名为“中国荷斯坦牛”，也是我国唯一的乳牛品种，现已遍布全国各地，而且有了国家标准。据 2008 年统计，符合中国荷斯坦牛标准的总头数有 400 多万头，分北方型和南方型两种群体，质量也在不断得到提高。

1. 外貌特征

中国荷斯坦牛毛色同乳用型荷斯坦牛。由于各地开始进行杂交时的本地母牛体格大小不一，所引入的荷斯坦牛种公牛来源也不一致，各地培育条件又有差异，从而导致该品种出现大、中、小三种体格类型，其母牛的体高依次分别为136 cm以上、133~136 cm和133 cm以下。随着选育条件的不断改善，在同一地区的牛群正逐渐趋于整齐，各类群之间的差异也在逐渐缩小，并趋于一致。

2. 生产性能

在一般饲养情况下，通常母牛305 d产奶量一胎为5 000 kg以上，二胎为6 000 kg以上，三胎为6 300 kg以上，乳脂率为3.4%~3.7%，乳蛋白率为2.8%~3.2%。随着近年来饲养管理条件不断得到改善，良种场的不少牛群，年平均产奶量达6 000~7 000 kg的牛群已不少见，年产奶量10 000 kg的个体也不罕见。

荷斯坦牛与本地黄牛杂交，效果一般良好，后代体型改良，体格增大，产奶性能大幅度提高。在正常的饲养管理条件下，一代杂种产奶量可达1 500~2 000 kg，二代杂种可达2 000~3 000 kg。

二、乳肉兼用牛品种

（一）西门塔尔牛

1. 原产地及其分布

西门塔尔牛原产于瑞士西部的阿尔卑斯山及德、法、奥地利等地，由于中心产区在伯尔尼的西门河谷而得名。早在18世纪，该牛就因其良好的乳、肉、役三用性能突出而驰名。目前该牛已成为世界上分布最广、数量最多的牛品种之一。

2. 外貌特征

西门塔尔牛被毛黄白花或红白花，但头、胸、腹下和尾帚多为白毛。头较长，面宽；角较细而向外上方弯曲，尖端稍向上。颈长中等；体躯长，肋骨开张；前后躯发育良好，胸深，尻部宽平，四肢结实，大腿肌肉较为发达；乳房发育良好。成年公牛活重为800～1 200 kg，母牛600～800 kg。

3. 生产性能

西门塔尔牛乳、肉用性能均较好，欧洲诸国该牛年平均产奶量达3 500～4 500 kg，乳脂率为3.64%～4.13%，在瑞士平均泌乳量为4 070 kg，乳脂率3.9%。该牛生长快，平均日增重0.8～1.0 kg以上，公牛育肥后屠宰率为65%左右，胴体肉多，脂肪少而分布均匀。成年母牛难产率低（2.8%），适应性强，耐粗放管理。总之，该牛是乳肉兼用的典型品种，受到许多国家的欢迎。中国目前有3万余头西门塔尔牛，核心群平均产奶量已突破4 500 kg。四川阳坪种牛场77号母牛305 d产奶量达8 400 kg。

我国从20世纪中期开始引进西门塔尔牛，2002年农业部正式认定为中国西门塔尔牛，现在全国已有纯种牛3万余头，杂种牛600余万头，约占全国改良牛的1/3。西门塔尔牛是我国黄牛改良的第一牛种，在改良各地黄牛中都取得了比较理想的效果。在科尔沁草原和胶东半岛农区强度育肥西门塔尔牛，其日增重达1.0～1.2 kg，屠宰率为60%，净肉率为50%。

（二）三河牛

1. 原产地及其分布

三河牛原产于内蒙古呼伦贝尔草原的三河（根河、得勒布尔河、哈布尔河）地区，并因此而得名。三河牛是我国培育的第一个乳肉兼用型品种，含西门塔尔牛、雅罗斯拉夫牛等的血统。1954 年开始进行系统选育，1976 年牛群质量得到显著提高，1982 年制订了品种标准。近年来三河牛已被引入其他省份，也曾输入蒙古等国。

2. 外貌特征

被毛为界限分明的红白花片，头白色或有白斑，腹下、尾尖及四肢下部为白色；有角，角向上前方弯曲。体格较大，骨骼粗壮，结构匀称，肌肉发达，性情较温顺。

3. 生产性能

三河牛平均年产奶量为1 000 kg左右，在较好的饲养管理条件下可达4 000 kg，三河牛产肉性能良好，初生重公牛35. 8 kg，母牛31. 2 kg；6 月龄公牛体重 178. 9 kg，母牛 169. 2 kg。未经育肥的阉牛屠宰率一般为 50% ~55%，净肉率为 44% ~48%，而且肉质良好，瘦肉率高。

三河牛耐粗放管理，抗寒能力强。但由于群体中个体间差异较大，无论在外貌或是生产性能上，表现均很不一致，如毛色不够整齐，后躯发育较差，有待于进一步改良提高。

（三）中国草原红牛

1. 原产地及其分布

草原红牛是由吉林省白城地区，内蒙古赤峰市、锡林郭勒盟南部县和河北省张家口地区联合育成的一个兼用型新品种，1988 年正式命名为“中国草原红牛”，并制订了国家标准。目前产区有 30 多万头。

2. 外貌特征

草原红牛大部分有角，且角大多伸向外前方，呈倒八字形，略向内弯曲；全身被毛紫红或深红色，部分牛腹下、乳房部有白斑；鼻镜、眼圈粉红色，体格中等大小。

3. 生产性能

草原红牛在以放牧为主条件下，第一胎平均产奶量为 1 127.4 kg，以后每胎则为 1 500～2 500 kg，泌乳期为 210 d 左右，乳脂率为 4.03%；经短期育肥，屠宰率可达 50.8%～58.2%，净肉率为 41.0%～49.5%。

草原红牛适应性强，耐粗放管理，对严寒酷热的草场条件耐力强，发病率很低。草原红牛繁殖性能良好，繁殖成活率为 68.5%～84.7%。

（四）新疆褐牛

1. 原产地及其分布

新疆褐牛原产于新疆伊犁、塔城等地区。由瑞士褐牛及含有瑞士褐牛血统的阿拉塔乌牛与新疆当地黄牛杂交育成。

2. 外貌特征

新疆褐牛为被毛深浅不一的褐色，额顶、角基、口轮周围及背线为灰白色或黄白色。体躯健壮，肌肉丰满。头清秀，嘴宽，角中等大小，向侧前上方弯曲，呈半椭圆形；颈长适中，胸较宽深，背腰平直。

3. 生产性能

新疆褐牛平均产乳量 2 100～3 500 kg，高的可达 5 162 kg，乳脂率为 4.03%～4.08%。产肉性能在天然草场放牧的条件下，于 9～11 月测定，1.5 岁、2.5 岁和阉牛的屠宰率分别为

47.4%、50.5% 和 53.1%，净肉率分别为 36.3%、38.4% 和39.3%。

新疆褐牛适应性好，可在极端温度 -40℃和47.5℃下放牧，抗病力强。但还存在体躯较小、胸窄、尻部尖斜、乳房发育较差等不足。

三、肉用牛品种

(一) 夏洛莱牛

1. 原产地及其分布

夏洛莱牛原产于法国中西部到东南部的夏洛莱省和涅夫勒地区，是世界公认的大型肉牛品种，以其生长快、产肉量多、体型大、耐粗放管理的特点而受到各国的广泛欢迎，现已输出到世界各地，参与新型肉用品种的培育、杂交繁育或纯种繁育。

2. 外貌特征

夏洛莱牛最显著的特点是被毛白色或乳白色，皮肤常带有色斑；全身肌肉特别发达；骨骼结实，四肢强壮。夏洛莱牛头小而宽，嘴端宽、方，角圆而较长，并向前方伸展，角质蜡黄，颈粗短，胸宽深，肋骨方圆，背宽肉厚，体躯呈圆桶状，肌肉丰满，后臀肌肉发达，并向后方和侧面突出。公牛常见有双甲和凹背者。成年公牛体重为 1 100 ~ 1 200 kg，母牛为 700 ~ 800 kg。

3. 生产性能

夏洛莱牛在生产性能方面表现最显著的特点是：生长速度快，瘦肉产量高。在良好的饲养条件下，6 月龄公犊可达 250 kg，母犊 210 kg。日增重可达 1.4 kg，12 月龄公犊可达 378.8 kg，母犊 321.8 kg。在加拿大的良好饲养条件下，公牛周岁时体重可达 511 kg。屠宰率为 60% ~70%，胴体产肉率为 80% ~85%。

夏洛莱牛泌乳量较高，产奶量可达 2 000 kg，乳脂率为 4.0% ~4.7%，但夏洛莱牛纯繁时难产率也较高（13.7%）。

我国曾先后两次从法国引进夏洛莱牛，主要分布在东北、西北和南方的部分地区，用于改良我国本地黄牛，取得了很明显的效果。

(二) 利木赞牛

1. 原产地及其分布

利木赞牛原产于法国中部的利木赞高原地区，并因此而得名。在法国主要分布在中部和南部的广大地区，其数量仅次于夏洛莱牛，20 世纪 70 年代输入欧美各国，目前世界上许多国家都有该牛分布，属于专门化大型肉牛品种。

2. 外貌特征

利木赞牛被毛为红色或黄色，口、鼻、眼圈周围、四肢内侧及尾帚毛色较浅，角为白色，蹄为红褐色。头较短小，额宽，胸部宽深，体躯较长，后躯肌肉丰满，四肢粗短。公犊初生重 36 kg，母犊 35 kg。

3. 生产性能

利木赞牛产肉性能高，胴体质量好，眼肌面积大，前后肢肌肉丰满，产肉率高，在肉牛市场上很有竞争力。集约饲养条件下犊牛断奶后生长很快，10 月龄体重即达 408 kg，周岁时体重可达 480 kg 左右，哺乳期平均日增重为 0.86 ~1.0 kg。该牛 8 月龄小牛就可生产出具有大理石纹的牛肉，因此是法国等一些欧洲国家生牛肉的主要供应来源。

1974 年和 1993 年我国数次从法国引进利木赞牛，在河南、山东、内蒙古等地改良当地黄牛，效果明显。利木赞中有利于杂牛体型改善，肉用特征明显，生长强度增大，杂种优势显著。目前，黑龙江、山东、安徽、陕西为主要供种区。

（三）契安尼娜牛

1. 原产地及其分布

契安尼娜牛原产于意大利中西部地区契安尼娜山谷，为意大利古老的役用品种，1932 年开始进行良种登记，后育成了世界上体型最大的肉牛品种。

2. 外貌特征

契安尼娜牛毛色为纯白色，尾毛黑色。除腹部外，皮肤上均有黑色斑。该品种是现在世界上最大的肉牛品种，体型高大，四肢较长，结构良好，但胸部深度稍显不够。成年公牛鬐甲高 180 cm，骨骼粗壮而坚实，肌肉丰满。成年公牛平均体重为 800 ~ 1 300 kg，母牛为 500 ~ 700 kg，犊牛初生重为 40 ~ 50 kg。

3. 生产性能

该品种早熟。有资料报道：78 头 1 周岁幼牛，平均活重 409kg，平均日增重 1. 23 kg。契安尼娜牛肉质好，具有大理石纹状结构，细嫩。

契安尼娜牛产奶量不高，但足以哺育犊牛，有一定的役用性能，对环境的适应性较好，繁殖力强，很少难产。

（四）皮埃蒙特牛

1. 原产地及其分布

皮埃蒙特牛原产于意大利北部的皮埃蒙特地区，原为役用牛，经长期选育而成为生产性能优良的专门化大型肉用品种。

因含有双肌基因，是目前国际公认的杂交终端父本，已被世界22个国家引进，用于杂交改良。

2. 外貌特征

体型较大，体躯呈圆桶状，肌肉高度发达。被毛为乳白色或浅灰色，犊牛幼龄时毛色为乳黄色，鼻镜为黑色；公牛肩胛毛色较深，黑眼圈，尾帚黑色。

3. 生产性能

皮埃蒙特牛肉用性能十分突出，其在育肥期平均日增重1.5 kg（1.360～1.657 kg），生长速度为肉用品种之首。公牛屠宰时期活重为550～600kg，一般为15～18个月。母牛14～15个月体重可达400～450 kg。肉质细嫩，瘦肉含量高，屠宰率为65%～70%，胴体瘦肉率84.13%，骨骼13.60%，脂肪1.50%。每100 g肉中胆固醇含量只有48.5 mg，低于一般牛肉（73 mg）、猪肉（79 mg）、鸡肉（76 mg）。

我国于1987年和1992年先后从意大利引进皮埃蒙特牛的冷冻胚胎和冷冻精液，育成种公牛，并展开了皮埃蒙特牛的杂交改良，现已在全国12个省市推广应用，河南南阳地区用以改良南阳牛，已显示出良好的杂交效果。

（五）海福特牛

1. 原产地及其分布

海福特牛原产于英格兰西部的海福特郡，是世界上最古老的中型早熟肉牛品种，其培育已有2 000多年的历史，现已分布许多国家。

2. 外貌特征

具有典型的肉用牛体型，分为有角和无角两种。颈粗短，体躯肌肉丰满，呈圆桶状，背腰宽平，臀部宽厚。肌肉发达，四肢短粗，侧望体躯呈矩形。全身被毛除头、颈垂、腹下、四肢下部及尾尖为白色外，其余为红色，皮肤为橙黄色，角为蜡黄或白色。

3. 生产性能

海福特牛犊牛初生重为28～34 kg。7～8月龄的平均日增重为0.8～1.3 kg，良好条件下，7～12月龄日增重可达1.4 kg以上。据报道，加拿大一头海福特公牛，在育肥期日增重高达2.27 kg。一般屠宰率为60%～65%，18月龄公牛活重可达500 kg以上。

海福特牛适应性好，在干旱的高原牧场冬季－50℃～－48℃的条件下，或夏季38℃～40℃条件下都可放牧饲养和正常生活繁殖。我国在1913年和1965年曾陆续从美国引进该牛，与本地黄牛杂交，杂交一代表现为：体格加大，体型改善，宽度提高明显，犊牛生长快，抗病耐寒，适应性好，体躯被毛为红色，但头、腹下和四肢部位多为白毛。

（六）短角牛

原产地及其分布　短角牛原产于英格兰的诺桑伯、德拉姆、约克和林肯等郡。因该品种由当地土种长角牛改良而来，角较短小，故称短角牛。短角牛的培育始于16世纪末17世纪初，到20世纪初短角牛已是世界上闻名的肉牛良种。1950年，随着世界奶牛业的发展，短角牛的一部分又向乳用方向选育，于是形成了近代短角牛的两种类型，即肉用型短角牛和乳肉兼用型短角牛。

1. 肉用短角牛

外貌特征　肉用短角牛被毛以红色为主，有白色和红白杂交的沙毛个体（杂合子），部分个体腹下或乳房有白斑；鼻镜粉红色，眼圈色淡；皮肤细致柔软。体型为典型的肉用型，侧望呈矩形，背部宽平，腰平直，尻部宽广、丰满，腹部宽而多肉。体躯各部结合良好，头短、额宽平；角短细，向下稍弯，角尖部为黑色，颈部被毛较长且卷曲，额顶部有丛生的被毛。

生产性能　早熟性好，肉用性能突出，利用粗饲料能力强，增重快，产肉多，肉质细嫩，成年公牛体重为 900 ~ 1 200 kg，母牛 600 ~ 700 kg，体高分别为 136 cm 和 128 cm。17 月龄活重可达 500 kg，屠宰率为 65% 以上。大理石纹好，但脂肪沉积不够理想。

2. 乳肉兼用型短角牛

外貌特征　基本与肉用短角牛一致，不同的是乳用特征较为明显，乳房发达，后躯较好，个体较大。

生产性能　平均年产奶量为 3 000 ~ 4 000 kg，乳脂率为 3.5% ~ 3.7%，肉用性能接近于肉用短角牛。我国在 1920 年前后到新中国成立后，曾多次引种，在东北、内蒙古等地改良当地黄牛，普遍表现为：杂种牛毛色紫红，体型改善，体型加大，产奶量提高，杂交优势明显。尤其是新中国成立后我国育成的乳肉兼用型新品种——草原红牛，就是用兼用型短角牛同吉林、河北及内蒙古等地的土种黄牛杂交选育而成的。

（七）安格斯牛

1. 原产地及其分布

安格斯牛属于古老的小型肉牛品种，原产于英国的阿伯丁、安格斯和金卡丁等郡。目前世界大多数国家都有该品种牛。

2. 外貌特征

安格斯牛以被毛黑色和无角为其重要特征，故也称无角黑牛。该牛体躯低矮、结实，头小而方，额宽，体宽深，呈圆桶形，四肢短而直，前后裆较宽，全身肌肉丰满，具有现代肉牛的典型体型。安格斯牛初生重为25～32 kg。

3. 生产性能

具有良好的肉用性能，被认为是世界上专门化肉牛品种中的典型品种之一，表现为早熟，胴体品质高，出肉多。一般屠宰率为60%～65%，哺乳期日增重0.9～1.0 kg。育肥期平均日增重（1.5岁内）为0.7～0.9 kg，肌肉大理石纹很好，适应性强，耐寒抗病。缺点是母牛稍具神经质。

四、“中国黄牛”品种

“中国黄牛”是我国固有的、曾长期以役用为主的黄牛群体的总称。

“中国黄牛”广泛分布于全国各省、市、自治区，包括中原黄牛类型的秦川牛、南阳牛、晋南牛和鲁西牛，北方黄牛类型的延边牛和蒙古牛以及南方黄牛类型的温岭高峰牛等。

（一）秦川牛

1. 原产地及其分布

秦川牛因产于陕西关中的“八百里秦川”而得名，其中以渭南、蒲城、扶风、岐山等15个县市为主产区，尤以礼泉、乾县、扶风、咸阳、兴平、武功和蒲城7个县的牛最为著名。现群体总数约80万头。秦川牛属中国五大良种黄牛之一。

2. 外貌特征

秦川牛属大型牛，骨骼粗壮，肌肉丰厚，体质强健，前躯发育好，具有役肉兼用型牛的体型。被毛细致有光泽，毛色多为紫红色及红色；鼻镜红色；部分个体有色斑；蹄壳和角大多为肉红色。前躯发育良好而后躯较差；公牛颈上部隆起，鬐甲高而宽，母牛鬐甲低，荐骨稍隆起，缺点是牛群中常见尻稍斜的个体。

3. 生产性能

秦川牛役用性能好，肉用性能突出，经过数十年的选育，秦川牛不仅数量大大增加，而且牛群质量、等级、生产性能也有很大提高。作役用，一般成年牛可负担耕地 2 hm^2；作肉用，易育肥。据原西北农学院等单位对13～22.5 月龄36 头牛的屠宰试验表明，在中等饲养水平的情况下（宰前一个月的催肥期），13、18、22.5 月龄屠宰的试验牛，其平均屠宰率分别为53.27%、58.28%和60.75%，净肉率分别为45.73%、50.50%和52.21%。这些数据已接近国外肉牛品种的一般水平。特别指出的是，秦川牛的骨量小（18 月龄肉骨比为6.13∶1），瘦肉率高（76.04%），胴体中脂肪含量低（11.65%），眼肌面积大（97.02 cm^2），且与一些专用肉牛相比都比较高。

秦川牛适应性好，全国已有20 多个省市引进了秦川牛，分别进行纯种繁育或改良本地黄牛，其表现出的杂交效果较为理想。若作为母本，与国外优质肉牛杂交，可生产大量优质牛肉。

（二）南阳牛

1. 原产地及其分布

南阳牛原产于河南省南阳地区白河和唐河流域的广大平原地区，以南阳市郊区、南阳县、唐河、邓州等9 个县市为主要产区。南阳牛属中国五大良种黄牛之一。

2. 外貌特征

南阳牛毛色以深浅不一的黄色为主，另有红色和草白色，面部、腹下、四肢下部毛色较浅；南阳牛体躯高大，结构紧凑，肌肉发达，前躯较宽深；公牛以萝卜头角为多，母牛角细；鬐甲较高，肩部较突出；背腰平直，荐部较高；额微凹，颈短厚而多皱褶。但部分牛胸肷宽深，体长不足，尻部较斜，乳房发育较差。

3. 生产性能

南阳牛产肉性能良好，15 月龄育肥牛，屠宰率为 55.6%，净肉率为46.6%，胴体产肉率为83.7%，肉骨比为5.1∶1，眼肌面积为 92.6 cm^2；泌乳期为 6～8 个月，产奶量为600～800 kg。南阳牛被全国22个省区引入，与当地黄牛杂交后的杂种牛适应性、采食性和生长能力均较好。

（三）晋南牛

1. 原产地及其分布

晋南牛产于山西省南部晋南盆地的运城地区。晋南牛属中国五大良种黄牛之一。

2. 外貌特征

晋南牛属我国大型役肉兼用品种，体型粗大，体质结实，前躯较后躯发达。公牛头中等长，额宽，顺风角，颈较短粗，垂皮发达，肩峰不明显；胸部发达，端较窄。母牛头清秀；乳房发育较差；毛色以枣红色为主，红色和黄色次之，富有光泽；鼻镜粉红色。

3. 生产特性

晋南牛役用性能良好，持久力强。18 月龄时屠宰，屠宰率为53.9%，净肉率为40.3%，经强度育肥后屠宰率为59.2%，净肉率为51.2%，成年阉牛屠宰率为62.6%，净肉率为52.9%。

（四）鲁西牛

1. 原产地及其分布

鲁西牛产于山东南部的菏泽市、济宁市，以郓城、鄄城、荷泽、嘉祥等10个市县为中心产区，除上述地区外，在鲁南地区、河南东部、河北南部、江苏和安徽北部也有分布。鲁西牛属中国五大良种黄牛之一。

2. 外貌特征

鲁西牛体躯高大，结构紧凑，肌肉发达，前躯较宽深，具有肉用牛的体型。鲁西牛被毛从浅黄到棕红，以黄色为最多，多数具有三粉特征（眼圈、口轮、腹下四肢为粉色）；垂皮较为发达，角多为龙门角；公牛肩峰宽厚而高，母牛后躯较好，鬐甲低平；背腰短，尾毛多扭生如纺锤状。

3. 生产性能

役用性能好，肉用性能良好，18月龄育肥，公、母牛平均屠宰率为57.2%，净肉率为49.0%，肉骨比为6∶1，眼肌面积为89.1 cm^2。该牛皮薄骨细，肉质细嫩，大理石纹明显，市场占有率较高。

总体上看，鲁西牛以体大力强、外貌一致、品种特征明显、肉质良好而著称，但尚存在成熟较晚、增重较慢、后躯欠丰满，尚有凹背、草腹、卷腹、尖尻及斜尻、管骨细等缺陷。

（五）延边牛

1. 原产地及其分布

延边牛产于吉林省延边朝鲜族自治州以及朝鲜，尤以延吉、珲春、和龙及汪清等市县的牛最为著名。现东北三省均有分布，属寒温带山区役肉兼用品种。延边牛属中国五大良种黄牛之一。

2. 外貌特征

延边牛毛色为深浅不一的黄色，鼻镜呈淡褐色，被毛密而厚、具有弹力；胸部宽深；公牛颈厚隆起，母牛乳房发育较好。

3. 生产性能

该牛适用于水田作业，善走山路。18月龄育肥牛平均屠宰率可达57.7%，净肉率为47.2%，眼肌面积为75.8 cm^2；泌乳期6~7个月，产奶量达500~700 kg；耐寒、耐粗，抗病力强，适应性良好。

（六）蒙古牛

1. 原产地及其分布

蒙古牛广泛分布于我国北方各省市，在内蒙古以中部和东部为集中产区，产区包括牧区、农区和半农半牧区。

2. 外貌特征

蒙古牛毛色多样，但以黑色、黄色者居多；头部粗重，角长；胸部较深，背腰平直，后躯短窄，尻部倾斜，四肢短，蹄质坚实。蒙古牛由于分布广，地区类型间差异较为明显。一般成年公牛体重为350~450 kg，母牛为206~370 kg；体高分别为113.5~120.9 cm和108.5~112.8 cm。

3. 生产性能

蒙古牛役力持久，泌乳力较好，产后100d内，日平均产乳5kg，最高日产奶量为8.10 kg，乳脂率为5.22%；屠宰率为53.0%，净肉率为44.6%，肉骨比为5.2∶1，眼肌面积为56.0 cm^2。终年可放牧，在-50℃~35℃不同温度下均能常年适应，且抓膘能力强，发病率较低。

（七）温岭高峰黄牛

1. 原产地及其分布

温岭高峰黄牛产于浙江东南沿海的温岭县，其毗邻诸县也有分布，是古老的地方品种，属于瘤牛型品种。温岭高峰黄牛是中国南方黄牛中具有代表性的地方优良群体。

2. 外貌特征

温岭高峰黄牛前躯发达，骨骼粗壮；眼大而突出，耳向前竖，耳薄而大，内生白毛；皮毛黄色或棕黄色，尾，黑色，鼻镜灰色，肩峰比较凸出。温岭高峰黄牛分为峰高型（形如鸡冠，峰高而窄）和肥峰型（形如畚斗，峰较低）两种类型。

3. 生产性能

温岭高峰黄牛役用性能强，阉牛（3 岁）屠宰率为 51.4%，净肉率为 46.27%，眼肌面积为 69.28 cm^2，肉质细，味鲜美，对当地潮湿多雨的自然环境条件具有很强的适应能力。

五、水牛品种

世界上的水牛主要分布在亚洲地区。此外，非洲、拉丁美洲、大洋洲及东南亚的一些国家有少量分布，其中 90% 分布于亚洲。印度是养殖水牛最多的国家，我国位列第二。水牛主要分为两种类型，即江河型和沼泽型。江河型数量最多，占世界水牛总数的 2/3，印度的摩拉水牛和巴基斯坦的尼里—拉菲水牛属此类型。沼泽型主要分布在中国及东南亚地区。

（一）摩拉水牛

摩拉水牛原产于印度雅么纳河西部，属江河型水牛，以其产乳量高而著名。中国、印度尼西亚等国均有分布。摩拉水牛被毛深灰色，白尾，绵羊角型，呈螺旋状；无垂皮，无肩峰；乳房良好，乳头粗长。

乳用型摩拉水牛，公牛体重为969.0 kg，母牛为647.9 kg，泌乳期为240.8 d，泌乳量达1 557.1 kg，乳脂率为5.62%。

（二）尼里—拉菲水牛

尼里—拉菲水牛原产于巴基斯坦的尼里和拉菲河流域，属江河型水牛，其体型外貌、生产性能表现近似于摩拉水牛。中国也有分布。尼里—拉菲水牛被毛多为黑色，玉石眼（虹膜缺乏色素），面部、四肢有白斑，尾帚白色，角向后弯，乳房发达，乳头粗长而分布均匀。

乳用型尼里—拉菲水牛，一般公牛体重为800 kg，母牛为600 kg，平均年产奶量可达1 983.5 kg，最高3 800 kg，乳脂率为7.19%，性格较摩拉水牛好。

（三）中国水牛

中国的水牛主要分布在长江以南各省、市、自治区，约2 200多万头，居世界第二位。我国水牛主要是以沼泽型为主，长期以来主要用作水田地区的役畜，近年来引进江河型水牛（如摩拉水牛和尼里—拉菲水牛）改良当地水牛，使乳用性能有明显提高。

中国水牛被毛深灰色或浅灰色，且稀疏，两眼内角、下颌两侧有一簇灰白色毛，颈下和胸前有1～2道白毛环，皮粗糙而有弹性，鬐甲隆起，肋骨开张，尾粗短；体躯粗短，后躯差。

中国水牛主要分布在我国水稻种植区，宜水田作业，泌乳期8～10个月，泌乳量为500～1 000 kg，乳脂率为7.4%～11.6%。

中国水牛由于饲养成本低，育肥效果较好，产肉潜力较大，有待进一步研究开发。特别是福安水牛，表现出良好的肉用性能。

第二节　牛场建设与环境控制

一、牛场选址

（一）地形地势

牛场要有足够的面积，而且地势开阔整齐。肉牛场生产区面积一般按每头 8～15 m^2 计算，牛场生活区、行政管理区和隔离区另行考虑。奶牛场则按每头成年奶牛 100 m^2 来确定面积。考虑到未来的发展，还应留有发展的面积。

（二）土质

选择地下水位较低及土质为沙壤土的地方较好。

（三）水源水质

要求水量充足，水质良好，便于防护，取用经济方便。若是自来水，主要考虑管道口径是否够用；若是地面水，主要考虑有无工厂、农业生产和畜牧场污水杂物排入；若是地下深井水，应该请卫生防疫站进行水质分析。牛场的用水要定期取样送检，并坚持常年用漂白粉、高锰酸钾、百毒杀等进行消毒处理。

（四）社会联系

牛场宜选在当地夏季主风向的下风处，地势低于居民点，离开居民点排污口，绝不能选在易造成环境污染的企业附近。要求交通方便，又要与交通干线保持适当的距离。一般离铁路、二级以上公路300 m 以上，离三级公路150 m 以上，离四级公路

50 m 以上。距居民点、一般畜禽场 300 m 以上，距大型牛场 1 000 m以上。此外，还应综合考虑电力和其他方面的需要。

二、牛场规划布局

（一）牛场规划

1. 场地分区

大中型牛场的布局可以划分为 4 个功能区，即生活区、管理区、生产区和隔离区。应根据当地全年主风向与地势，顺序安排 4 个功能区。

（1）生活区　生活区一般设置职工食堂、职工宿舍、澡堂等，应设在牛场大门外面，位于上风向。

（2）管理区　管理区一般设置办公室、接待室、会议室、饲料加工调配车间、饲料仓库、水电供应设施、车库等。该区建在生产区大门外，自成一院。饲料库应靠近进场道路处，并在外侧墙上设卸料窗，场外运输车辆不许进入生产区。

（3）生产区　生产区包括各类牛舍、生产设施。该区应该是独立的，实行封闭式管理，禁止外来车辆入内和区内车辆外出。各牛舍由饲料库内门领料，用场内小车运送。在靠围墙外设装牛台，牛只在装牛台上装卸车。消毒、更衣、洗澡间设在场大门一侧，进生产区人员一律经消毒、更衣后方可入内。生产区道路分净道和污道，两道要避免交叉。

（4）隔离区　隔离区常设有兽医技术室、病牛隔离舍、尸体处理设施、粪污处理及贮存设施等。该区设在整个牛场的下风或偏风向、地势低处。病牛隔离舍与健康牛舍保持 200 m 以上距离，尸体处理设施距健康牛舍 300 m 以上。污水污物排放须达到国家规定的排放标准。

2. 场内道路和排水

牛场应分设净道和污道。净道用于运送饲料、产品等，污道用于运送粪污、病牛、死牛等。场内道路要求防水防滑，管理区和隔离区应分别设置通向场外的道路，生产区内不设直通场外的道路。奶牛场设有挤奶站的，还应有牛舍与挤奶站之间的奶牛走道。

牛场排水设施，通常在道路一侧设明沟排水，也可设暗沟。场区排水管道不与舍内排水系统相通。

3. 场内绿化

在牛场周围设隔离林带，牛舍之间、道路两旁进行遮阴绿化，场区裸露地面上可种花草。

（二）建筑物布局

1. 保证牛场生产的连续性、节奏性来合理布局

大中型肉牛场可按种公牛舍、空怀母牛舍、妊娠母牛舍、产舍、犊牛舍、育肥牛舍、装牛台等顺序排列建筑物。如是奶牛场，成年母牛舍设在生产区中轴线两侧，犊牛舍设在母牛舍上风向，青年牛舍和育成牛舍设在母牛舍南侧，挤奶厅、牛奶贮藏间靠近母牛舍和大门口，人工授精室设在离母牛舍较近的地方，但在下风向。

2. 牛舍间隔距离

每幢牛舍左右间隔应该在10～15 m，前后间距在15～20 m，奶牛舍前后间距可以再大些，病牛舍与健康牛舍间距更大。

3. 牛舍朝向

一般要求牛舍在夏季少接受太阳辐射，舍内通风量大而均匀，冬季应该多接受太阳辐射，冷风渗透少。因此，炎热地区

应根据当地夏季主导风向安排牛舍朝向；寒冷地区应根据当地冬季主导风向确定牛舍朝向。牛舍一般以南向或南偏东、南偏西45°以内为宜。

三、牛舍设计

（一）牛舍类型

1. 按屋顶构成形式

牛舍可分为单坡式、双坡式、联合式、平顶式、拱顶式等。单坡式适合小型牛场，简单、省料，光照、通风好，但冬季保温性差。双坡式保温性好，但投资较大。联合式介于单坡式和双坡式之间。

2. 按墙壁结构与窗户的设置方式

牛舍可分为开放式、半开放式和密闭式，密闭式又分为有窗式和无窗式。开放式三面设墙，一面无墙，造价低，采光好，但防寒效果差。半开放式三面设墙，一面设半截墙，冬季可在半截墙上挂草帘，钉塑料布保暖。有窗式四面设墙，纵墙上设窗，寒冷地区南窗大、北窗小，炎热地区在纵墙上设窗或屋顶设通风管、通风屋脊，调节通风和隔热，保温性能好。无窗式靠人工设备调控，投资大，费用高，产房和犊牛舍可采用此式。

3. 按牛栏排列的方式

牛舍可分为单列式、双列式和多列式。单列式，牛栏排成一列。双列式，牛栏排成两列，中间设饲喂走道，两边设清粪通道，利用率高，管理方便，保温性能好，便于机械化操作，但舍内易潮湿。多列式，容纳量大，管理方便，冬季保暖，但采光差，易潮湿，通风不良。

（二）牛舍基本结构

1. 基础

基础埋置深度应根据牛舍总载荷、地基承载力、地下水位及气候条件等因素来确定，一般深 80 ~ 100 cm 。在基础墙的顶部通常设置油毡防潮层。

2. 墙壁

牛舍墙壁要求坚固耐久，耐水防火，保温隔热。墙体多采用砖墙，墙内表面应用白灰水泥沙浆粉刷，地面以上 1 ~ 1.5 m 高的墙面应设水泥墙裙。

3. 地面和牛床

牛舍地面应保温、防滑、不透水。成年牛床长 160 ~ 180 cm，宽 110 ~ 130 cm；青年牛床长 160 ~ 170 cm，宽 100 ~ 110 cm；育成牛床长 140 ~ 160 cm，宽 70 ~ 100 cm。牛床高于地面 5 ~ 15 cm，前高后低，坡度 1% ~1.5% 。

4. 窗户

牛舍窗户的大小、数量、形状、位置应根据当地气候条件合理设计。一般南窗 100 cm × 120 cm，北窗 80 cm × 100 cm，窗台距地面高度 120 ~ 140 cm。

5. 门

牛舍外门一般高 2 ~ 2.4 m，宽 1.2 ~ 2.5 m，门外设坡道，设置在冬季的非主导风向，必要时加设门斗。

6. 屋顶和顶棚

牛舍屋檐一般距地面 2.8 ~ 3.2 m 。要求屋顶坚固，有一定的承重能力，不漏水、不透风，具有良好的保温隔热性能。母牛分娩舍和犊牛育成舍应该设置顶棚。

7. 饲槽

牛舍饲槽设在牛床的前面，有固定式和活动式两种，水泥饲槽较适用。成年牛饲槽上口宽 60 ~ 80 cm，底宽 35 cm，底呈弧形，槽内缘（靠牛床一侧）高 35 cm，外缘高 60 ~ 80 cm。其他牛槽相应小些、矮些。

8. 通道

牛舍通道以双列式为例，中间通道宽 130 ~ 150 cm，两侧通道宽 80 ~ 90 cm。

9. 通气孔

如有必要，可在牛舍的屋顶设通气孔，一般单列式牛舍的通气孔为 70 cm × 70 cm，双列式牛舍的通气孔为 90 cm × 90 cm。通气孔高于屋脊 50 cm，设有活门，可自由启闭。

10. 给排水

要求供水充足，污水、粪尿能排净。一般舍内粪尿沟宽 28 ~ 30 cm，深 15 cm，坡度 0.5% ~ 1%，应通到舍外污水池。

11. 运动场地

按每头牛占用面积计算，成年牛 15 ~ 20 m^2，育成牛 10 ~ 15 m^2，犊牛 5 ~ 10 m^2。要求有围栏、拴系设施、补饲槽、饮水槽。地面或铺砖或用三合土压实，不要返潮，坚实，排水、透水性好，平整，不滑，耐腐蚀，便于清扫、消毒，适宜牛只行走、躺卧，有条件的要设置凉棚。

四、牛场设备

（一）供水设备

牛场供水包括水的提取、贮存、调节、输送等几个部分。供水方式包括自流式供水和压力式供水。规模化牛场一般采用压力式供水，供水系统包括供水管路、过滤器、减压器和自动饮水槽等。

（二）供热保温设备

牛舍供暖可采用集中供暖和局部供暖两种方式。集中供暖由一个供热设备，如锅炉、燃烧器或电热器，利用煤、油、煤气和电能等加热水或空气，再通过管道将热量输送到牛舍内的散热器。局部供暖包括地板供热和电热灯加热等，通常布置在分娩舍和保育舍。

（三）通风降温设备

对于面积小、跨度不大、门窗较多的牛舍，可全部利用自然通风。如果牛舍空间大、跨度大、牛群饲养密度高，特别是采用水冲清粪或水泡清粪的，要采用机械装置来加强通风。

（四）清洁消毒设备

最常用的清洁消毒设备有两种：一种是地面冲洗喷雾消毒机，它是规模化牛场较好的清洗消毒设备；另一种是火焰消毒器，可对舍内牛栏、饲槽等设备及建筑物表面进行瞬间高温燃烧，达到杀灭细菌、病毒、虫卵等目的，优点是杀菌率高，无药物残留。

五、粪尿处理与环境保护

（一）粪尿的处理

规模化牛场的粪尿处理系统由给水系统、排水系统和清粪系统、粪尿的处理设备、处理方法等构成。

1. 粪便和污水的处理方法

按其处理原理可分为以下4种。

（1）物理处理法　将污水中的有机污染物、悬浮物、油类以及固体物质分离出来，包括固液分离法、沉淀法、过滤法等。

（2）化学处理法　通过化学反应，使污水中的污染物质发生化学变化而改变其性质，包括中和法、絮凝沉淀法和氧化还原法等。

（3）物理化学处理法　包括吸附法、离子交换法、电渗析法、反渗透法、萃取法和蒸馏法。

（4）生物处理法　利用微生物的代谢作用分解污水中的有机物而达到净化的目的。

生物处理法是目前提倡的，同时也是未来废污处理发展的主要方向。根据微生物呼吸的需氧状况，生物处理法又分为好氧处理和厌氧处理两大类。

活性污泥法是一个典型的好氧处理法。活性污泥是由无数细菌、真菌、原生动物和其他微生物与吸附的有机及无机物组成的絮凝体，利用它的吸附和氧化作用可以达到处理污水中有机物的作用，需要构建暴气池和暴气设备。生物膜法是另一个典型的好氧处理，它通过生长在物料（如滤料、石料等）表面上的生物膜对污水进行处理，处理设备包括生物滤池、生物转盘和生物接触池等。

厌氧生物处理是厌氧菌和兼性菌在无游离氧的条件下分解有机物，使污水净化的方法，如化粪池和沼气池等。

2. 粪尿的利用

目前对牛场粪尿利用主要有3个方面：一是做肥料，二是制备沼气，三是养殖药物蚯蚓。粪便污水中含碳有机物经厌氧微生物等作用产生沼气，沼气可作燃料、发电等，沼渣可作肥料，沼液可排入鱼塘进行生物处理。

沼气发酵的类型有高温发酵（45~55℃）、中温发酵（35~40℃）、常温发酵（30~35℃）3种。我国普遍采用常温发酵，其适宜条件是：温度25~35℃，pH 6.5~7.5，碳氮比（25~30）：1；有足够的有机物，一般每立方米沼气池加入1.6~1.8 kg的固态原料为宜；发酵池的容积以每头牛0.15 m^3为宜。常温发酵效率较低，沼液、沼渣需经进一步处理，以防造成二次污染。有条件的牛场，可采用效率较高的中温或高温发酵。

（二）牛场的绿化

在场界周边种植乔木和灌木混合林带，在冬季上风向和夏季上风向种植宽5~8 m、3~5行的乔灌防风林带。在场区隔离墙内外种植宽3~5 m、2~3行的灌木及乔木隔离林带。在场内外道路旁种植乔木或亚乔木1~2行。在牛舍之间种植1~2行乔木或亚乔木遮阴林。在牛场空地种植优质的牧草，或种草坪和花。

思考题

1. 简述各种肉用牛品种的产地及生产性能。
2. 简述各种牛场设备。

第二章　牛饲养管理

第一节　母牛的饲养管理与繁殖技术

一、犊牛的饲养管理

犊牛是指从初生至断奶阶段的小牛。这一阶段的主要任务是提高犊牛成活率，给育成期牛的生长发育打下良好基础。

（一）犊牛的饲养

犊牛阶段又可分为初生期（出生至7日龄）和哺乳期（8日龄至断奶）两个阶段。由于肉用母牛泌乳性能较差，所以肉用犊牛一般采取“母—犊”饲养法，即随母哺乳法。

1. 初生期

初生期是犊牛由母体内寄生生活方式变为独立生活方式的过渡时期；初生犊牛消化器官尚未发育健全。瘤网胃只有雏形而无功能；真胃及肠壁虽初具消化功能，但缺乏黏液，消化道黏膜易受细菌入侵。犊牛的抗病力、对外界不良环境的抵抗力、适应性和调节体温的能力均较差，因此，新生犊牛容易受各种病菌的侵袭而引起疾病，甚至死亡。

（1）消除黏液　初生犊牛的鼻和身上沾有许多黏液。若是正常分娩，母牛会舔去犊牛身上的黏液，此举有助于刺激犊牛呼吸和加强血液循环。若母牛不能舔掉黏液，则要用清洁毛巾擦干，避免受凉，尤其要注意擦掉口鼻中的黏液，防止呼吸受阻，若已造成呼吸困难，应使其倒挂，并拍打胸部，使黏液流出。

通常情况下，犊牛的脐带自然扯断。未扯断时，用消毒剪刀在距腹部6~8 cm处剪断脐带，将脐带中的血液和黏液挤挣，用5%~10%碘酊药液浸泡2~3分钟即可，切记不要将药液灌入脐带内，以免因脐孔周围组织充血、肿胀而继发脐炎。断脐不要结扎，以自然脱落为好。另外，剥去犊牛软蹄。犊牛想站立时，应帮助其站稳。

（2）早喂初乳　初乳即母牛分娩后7 d内分泌的母乳。初乳的营养丰富，尤其是蛋白质、矿物质和维生素A的含量比常乳高。在蛋白质中含有大量的免疫球蛋白，对增强犊牛的抗病力具有重要作用。初乳中镁盐较多，有助于犊牛排出胎粪。初乳中还含有溶菌酶，具有杀灭各种病菌功能，同时初乳进入胃肠具有代替胃肠壁黏膜作用，阻止细菌进入血液。初乳也能促进胃肠机能的早期活动，分泌大量的消化酶。从犊牛本身来讲，初生犊牛胃肠道对母体原型抗体的通透性在生后很快开始下降，约在18 h就几乎丧失殆尽。在此期间如不能吃到足够的初乳，对犊牛的健康就会造成严重的威胁。犊牛出生后应在0.5~2 h尽量让其吃上初乳，方法是在犊牛能够自行站立时，让其接近母牛后躯，采食母乳。对个别体弱的可人工辅助，挤几滴母乳于洁净手指上，让犊牛吸吮其手指，而后引导到乳头助其吮奶。为保证犊牛哺乳充分，应给予母牛充分的营养。

2. 哺乳期

这一阶段是犊牛体尺体重增长及胃肠道发育最快的时期，

尤以瘤网胃的发育最为迅速，此阶段犊牛的可塑性很大，直接影响成年牛的生产性能。

（1）哺乳　自然哺乳即犊牛随母吮乳，肉用牛较普通。一般是在母牛分娩后，犊牛直接哺食母乳，同时进行必要的补饲。一般在生后3个月以内，母牛的泌乳量可满足犊牛生长发育的营养需要，3个月以后母牛的泌乳量逐渐下降，而犊牛的营养需要却逐渐增加，如犊牛在这个年龄的生长受阻很难补偿。自然哺乳时应注意观察犊牛哺乳时的表现，当犊牛哺乳频繁地顶撞母牛乳房，而吞咽次数不多，说明母牛奶量低，犊牛不够吃，应加大补饲量；反之，当犊牛吸吮一段时间后，犊牛口角已出现白色泡沫时，说明犊牛已经吃饱，应将犊牛拉开，否则容易造成犊牛哺乳过量而引起消化不良。一般而言，大型肉牛平均日增重700～800克，小型肉牛平均日增重600～700克，若增重达不到上述水平的需求，应增加母牛的补饲量，或对犊牛直接增加补料量。传统的哺乳期5～6月龄，规模母牛场一般可实行2～3月龄断奶，但犊牛必须加强营养，实施早期补饲。

（2）补饲　犊牛的消化与成年牛显著不同，初生时只有皱胃中的凝乳酶参与消化过程，胃蛋白酶作用很弱，也无微生物存在。到3～4月龄时，瘤胃内纤毛虫区系完全建立。大约2月开始反刍。传统的肉用犊牛的哺乳期一般为6个月，纯种肉牛养殖一般不实行早期断奶，我国的黄牛属于役肉兼用种，也不实行早期断奶，因此也不采取早期补饲方式。最近研究证明，早期断奶可以显著缩短母牛的产后发情间隔时间，使母牛早发情、早配种、早产犊，缩短产犊间隔，提高母牛的终生生产力和降低生产成本。由于西门塔尔改良牛产奶量高，所以在挤奶出售的情况下，实行犊牛早期断奶也是非常有利的。实行犊牛早期断奶，犊牛的提早补饲至关重要。早期喂给优质干草和精料，促进瘤胃微生物的繁殖，可促使瘤胃的迅速发育。

从1周龄开始，在牛栏的草架内添入优质干草（如豆科青干草等），训练犊牛自由采食，以促进瘤网胃发育。

生后10～15 d开始训练犊牛采食精料，初喂时可将少许牛奶洒在精料上，或与调味品一起做成粥状，或制成糖化料，涂擦犊牛口鼻，诱其舔食。开始时日喂干粉料10～20克，到1月龄时，每天可采食150～300克，2月龄时可采食到500～700克，3月龄时可采食到750～1 000克。犊牛料的营养成分对犊牛生长发育非常重要，可结合本地条件，确定配方和喂量。常用的犊牛料配方举例如下。

配方一：玉米30%，燕麦20%，小麦麸10%，豆饼20%，亚麻籽饼10%，酵母粉10%，维生素矿物质3%。

配方二：玉米50%，豆饼30%，小麦麸12%，酵母粉5%，碳酸钙1%，食盐1%，磷酸氢钙1%（对于0～90日龄犊牛每吨料内加50克多种维生素）。

配方三：玉米50%，小麦麸15%，豆饼15%，棉粕13%，酵母粉3%，磷酸氢15 2%，食盐1%，微量元素、维生素、氨基酸复合添加剂1%。

青绿多汁饲料如胡萝卜、甜菜等，犊牛在20日龄时开始补喂，以促进消化器官的发育。每天先喂20克，到2月龄时可增加到1～1.5千克，3月龄为2～3千克。

青贮料可在2月龄开始饲喂，每天100～150克，3月龄时1.5～2.0千克，4～6月龄时4～5千克。应保证青贮料品质优良，防止用酸败、变质及冰冻青贮料喂犊牛，以免下痢。

（二）犊牛的管理

1. 犊牛的管理要做到“三勤”

即勤打扫，勤换垫草，勤观察。并做到“喂奶时观察食欲、运动时观察精神、扫地时观察粪便”。健康犊牛一般表现为机灵、眼睛明亮、耳朵竖立、被毛闪光，否则就有生病的可能。特别是患肠炎的犊牛常常表现为眼睛下陷、耳朵垂下、皮肤包紧、腹部蜷缩、后躯粪便污染；患肺炎的犊牛常表现为耳朵垂下、伸颈张口、眼中有异样分泌物。其次，注意观察粪便的颜色和黏稠度及肛门周围和后躯有无脱毛现象，脱毛可能是营养失调而导致腹泻。另外，还应观察脐带，如果脐带发热肿胀，可能患有急性脐带感染，还可能引起败血症。

2. 犊牛的管理要做到“三净”

“三净”即饲料净、畜体净和工具净。

（1）饲料净　是指牛饲料不能有发霉变质和冻结冰块现象，不能含有铁丝、铁钉、牛毛、粪便等杂质。商品配合料超过保存期禁用，自制混合料要现喂现配。夏天气温高时，饲料拌水后放置时间不宜过长。

（2）畜体净　就是保证犊牛不被污泥浊水和粪便等污染，减少疾病发生。坚持每天 1 ~2 次刷拭牛体，促进牛体健康和皮肤发育，减少体内外寄生虫病。刷拭时可用软毛刷，必要时辅以硬质刷子，但用劲宜轻，以免损伤皮肤。冬天牛床和运动场上要铺放麦秸、稻（麦、壳）或锯末等褥草垫物。夏季运动场宜干燥、遮阴，并且通风良好。

（3）工具净　是指喂奶和喂料工具要讲究卫生。如果用具脏，极易引起犊牛下痢、消化不良、臌气等病症。所以每次用完的奶具、补料槽、饮水槽等一定要洗刷干净，保持清洁。

3. 防止舐癖

牛舐癖指犊牛互相吸吮，这是一种极坏的习惯，危害极大。其吸吮部位包括嘴巴、耳朵、脐带、乳头、牛毛等。吸吮嘴巴易造成传染病；吸吮耳朵在寒冷情况下容易造成冻疮；吸吮脐带容易引发脐带炎；吸吮乳头导致犊牛成年后瞎乳头；吸吮牛毛容易在瘤胃内形成许多大小不一的扁圆形毛球，久之往往堵塞食道沟或幽门而致死。防止舐癖，犊牛与母牛要分栏饲养，定时放出哺乳，犊牛最好单栏饲养。其次，犊牛每次喂奶完毕，应将犊牛口鼻部残奶擦净。对于已形成舐癖的犊牛，可在鼻梁前套一小木板来纠正。同时避免用奶瓶喂奶，最好使用水桶。犊牛要有适度的运动，随母牛在牛舍附近牧场放牧，放牧时适当放慢行进速度，保证休息时间。

4. 做好定期消毒

冬季每月至少进行一次，夏季 10 d 一次，用苛性钠、石灰水或来苏儿对地面、墙壁、栏杆、饲槽、草架全面彻底消毒。如发生传染病或有死畜现象，必须对其所接触的环境及用具作临时突击消毒。

5. 称重和编号

留作种用的犊牛，称重应按育种和实际生产的需要进行，一般在初生、6 月龄、周岁、第一次配种前应予以称重。在犊牛称重的同时，还应进行编号，编号应以易于识别和结实牢固为标准。生产上应用比较广泛的是耳标法——耳标有金属的和塑料的，先在金属耳标或塑料耳标上打上号码或用不褪色的色笔写上号码，然后固定在牛的耳朵上。

6. 犊牛调教

对犊牛从小调教，使之养成温顺的性格，无论对于育种工作，还是成年后的饲养管理与利用都很有利。未经过良好调教的牛，性格怪僻，人不易接近，不仅会给测量体尺、称重等育种工作带来麻烦，甚至会发生牛顶撞伤人等现象。对牛进行调教就是管理人员要用温和的态度对待牛，经常抚摸牛，刷拭牛体，测量体温、脉搏，日子久了，就能养成犊牛温驯的性格。

7. 去角

一般在生后的 15 d 左右进行。去角的方法如下。

（1）固体苛性钠法　先剪去角基部的毛，然后在外周用凡士林涂一圈，以防药液流出，伤及头部或眼睛。然后用苛性钠在剪毛处涂抹，面积 1.6 厘米^2 左右。至表皮有微量血渗出为止。应注意的是正在哺乳的犊牛，施行手术后 4～5 小时才能到母牛处哺乳，以防苛性钠腐蚀母牛乳房及皮肤。应用该法可以破坏成角细胞的生长，应用效果较好。

（2）电烙器去角　将专用电烙器加热到一定温度后，牢牢地按压在角基部直到其角周围下部组织为古铜色为止，15～20 秒。烙烫后涂以青霉素软膏。

8. 去势

如果是专门生产小白牛肉，公犊牛在没有出现性特征之前就可以达到市场收购体重。因此，就不需要对牛加以阉割。生产高档牛肉，一般小公牛 4～5 月龄去势。阉牛生长速度比公牛慢 15%～20%，而脂肪沉积增加，肉质量得到改善，适于生产高档牛肉。阉割的方法有手术法、去势钳、锤砸法和注射法等。

9. 犊牛断奶

应根据当地实际情况和补饲情况而定。一般情况下，对于专门培育后备种用公犊的牛场不提倡犊牛早期断奶；即使非专门培育种用后备牛的牛场，一般也不提倡 3 周龄以下太早期断奶。因为太早期的断奶所需配制的代乳料要求质量高，成本大。肉牛业上实行早期断奶主要是为了缩短母牛产后的发情间隔时间和生产小牛肉时需要；对于饲养乳肉或肉乳兼用牛，产奶量较高，可挤奶出售，因而减少犊牛用奶量、降低成本才是其另一目的。

断奶应采用循序渐进的办法。当犊牛日采食固体料达 1 千克左右，且能有效地反刍时，便可断奶，同时要注意固体饲料的营养品质与营养补充，并加强日常护理。另外在预定断奶前 15 d，要开始逐渐增加精、粗饲料喂量，减少牛奶喂量。日喂奶次数由 3 次改为 2 次，2 次再改为 1 次，然后隔日 1 次。自然哺乳的母牛在断奶前一周即停喂精料，只给粗料和干草、稻草等，使其泌乳量减少，然后把母、犊分离到各自牛舍，不再哺乳。断奶第一周，母、犊可能互相呼叫，应进行舍饲或拴饲，不让互相接触。

二、育成牛的饲养管理与初次配种

育成牛指断奶后到配种前的母牛。计划留作种用的后备母犊牛应在 4 ~6 月龄时选出，要求生长发育好、性情温顺、增重快。但留种用的牛不得过胖，应该具备结实的体质。此阶段发病率较低，比较容易饲养管理。但如果饲养管理不善，营养不良造成中躯和体高生长发育受阻，到成年时在体重和体型方面无法完全得到补偿，会影响其生产性能潜力的充分发挥。

（一）育成牛的生长发育特点

育成牛随着年龄的增长，瘤胃功能日趋完善，12 月龄左右接近成年水平，正确的饲养方法有助于瘤胃功能的完善。此阶段是牛的骨骼、肌肉发育最快时期，体型变化大。7 ~12 月龄期间是增长强度最快阶段，生产实践中必须利用好这一特点。如前期生长受阻，在这一阶段加强饲养，可以得到部分补偿。6～9月龄时，卵巢上出现成熟卵泡，开始发情排卵，一般在18月龄左右，体重达到成年体重的70%时配种。

（二）育成牛的饲养

为了增加消化器官的容量，促进其充分发育，育成牛的饲料应以粗饲料和青贮料为主，适当补充精料。

1. 舍饲育成牛的饲养

（1）断奶以后　断奶以后的育成牛采食量逐渐增加，对于种用者来说，应特别注意控制精料饲喂量，每头每日不应超过2千克；同时要尽量多喂优质青粗饲料，以更好地促使其向适于繁殖的体型发展。3～6月龄可参考的日粮配方：精料2千克，干草1.4～2.1千克或青贮5～10千克。

（2）7～12月龄　7～12月龄的育成牛利用青粗饲料能力明显增强。该阶段日粮必须以优质青粗饲料为主，每天的采食量可达体重的7%～9%，占日粮总营养价值的65%～75%。此阶段结束，体重可达250千克。混合精料配方参考如下：玉米46%，麸皮31%，高粱5%，大麦5%，酵母粉4%，叶粉3%，食盐2%，磷酸氢钙4%。日喂量：混合料2～2.5千克，青干草0.5～2千克，玉米青贮11千克。

（3）13～18月龄　为了促进性器官的发育，其日粮要尽量增加青贮、块根、块茎饲料。其比例可占到日粮总量的85%～90%。但青粗饲料品质较差时，要减少其喂量，适当增加精料喂量。

此阶段正是育成牛进入体成熟的时期，生殖器官和卵巢的内分泌功能更趋健全，若发育正常在16～18月龄时体重可达成年牛的70%～75%。这样的育成母牛即可进行第一次配种，但发育不好或体重达不到这个标准的育成牛，不要过早配种，否则对牛本身和胎儿的发育均有不良影响。此阶段消化器官的发育已接近成熟，要保持营养适中，不能过于丰富也不能营养不良，否则过肥不易受孕或造成难产，过瘦使发育受阻，体躯狭浅，延迟其发情和配种。

混合料可采用如下配方：①玉米40%，豆饼26%，麸皮28%，尿素2%，食盐1%，预混料3%。②玉米33.7%，葵花饼25.3%，麸皮26%，高粱7.5%，碳酸钙3%，磷酸氢钙2.5%，食盐2%。日喂量：混合料2.5千克，玉米青贮13～20千克，羊草2.5～3.5千克，甜菜（粉）渣2～4千克。

（4）18～24月龄　一般母牛已配种怀孕。育成牛生长速度减小，体躯显著向深宽方向发展。初孕到分娩前2～3个月，胎儿日益长大，胃受压，从而使瘤胃容积变小，采食量减少，这时应多喂一些易于消化和营养含量高的粗饲料。日粮应以优质干草、青草、青贮料和多汁饲料及氨化秸秆作基本饲料，少喂或不喂精料。根据初孕牛的体况，每日可补喂含维生素、钙磷丰富的配合饲料1～2千克。这个时期的初孕牛体况不得过肥，以看不到肋骨较为理想。发育受阻及妊娠后期的初孕牛，混合料喂量可增加到3～4千克。

2. 舍饲育成牛的放牧

采用放牧饲养时，要严格把公牛分出单放，以避免偷配而影响牛群质量。对周岁内的小牛宜近牧或放牧于较好的草地上。冬、春季应采用舍饲。

对于育成母牛，如有放牧条件，应以放牧为主。放牧青草能吃饱时，非良种黄牛每天平均增重可达400克，良种牛及其改良牛可达到500克，通常不必回圈补饲。青草返青后开始放牧时，嫩草含水分过多，能量及镁缺乏，必须每天在圈内补饲干草或精料，补饲时机最好在牛回圈休息后，夜间进行。夜间补饲不会降低白天放牧采食量，也免除了回圈立即补饲而使牛群回圈路上奔跑所带来的损失。补饲量应根据牧草生长情况而定。冬末春初每头育成牛每天应补1千克左右配合料，每天喂给1千克胡萝卜或青干草，或者0.5千克苜蓿干草，或每千克料配入1万国际单位维生素A。

3. 舍饲育成牛的管理

(1) 分群　犊牛断奶后根据性别和年龄情况进行分群。首先是公母牛分开饲养，因为公母牛的发育和对饲养管理条件的要求不同；分群时同性别内年龄和体格大小应该相近，月龄差异一般不应超过2个月，体重差异不高于30千克。

(2) 加强运动　在舍饲条件下，青年母牛每天应至少有2小时以上的运动，一般采取自由运动。在放牧的条件下，运动时间一般足够，加强育成牛的户外运动，可使其体壮胸阔，心肺发达，食欲旺盛。如果精料过多而运动不足，容易发胖，体短肉厚个子小，早熟早衰，利用年限短。

(3) 刷拭和调教　为了保持牛体清洁，促进皮肤代谢和养成温驯的气质，育成牛每天应刷拭1~2次，每次5~10分钟。

(4) 放牧管理　采用放牧饲养时，要严格把公牛分出单放，以避免偷配而影响牛群质量。对周岁内的小牛宜近牧或放牧于较好的草地上。冬、春季应采用舍饲。

(三) 育成牛的初次配种

(1) 初情期　犊牛出生以后，随着年龄的增长及各系统的发育，生殖系统的结构与功能也日趋完善和成熟。母牛达到初情期的标志是初次发情。在初情期，母牛虽然开始出现发情症状，但这时的发情是不完全、不规则的，而且常不具备生育力。肉用育成牛初情期一般在6～12月龄。

（2）性成熟 性成熟指的是母牛有完整的发情表现，可排出能受精的卵子，形成了有规律的发情周期，具备了繁殖能力，叫做性成熟。性成熟是牛的正常生理现象。性成熟期的早晚与品种、性别、营养、管理水平、气候等遗传方面和环境方面的多种因素有关，也是影响肉牛生产的因素之一。如小型早熟品种甚至在哺乳期（6～8月龄）内就可达到性成熟；而大型、晚熟品种，则需长到12月龄或更晚。幼牛在生长期如果一直处于营养状况良好的条件下，可比营养不良的牛性成熟早4～6个月。放牧牛在气候适宜、牧草丰盛的条件下性成熟早，反之就晚。春夏季出生的母牛性成熟较早，秋冬季出生的母牛性成熟较晚。

（3）体成熟 性成熟的母牛虽然已经具有了繁殖后代的能力，但母牛的机体发育并未成熟，全身各器官系统尚处于幼稚状态，此时尚不能参加配种，承担繁殖后代的任务。过早配种对育成母牛有不良影响。有的在育成母牛尚未到12月龄，就已使之怀孕。这种现象会对母牛后期生长发育产生不良影响，因为此时的育成母牛身体的生长发育仍未成熟，还需要大量的营养物质来满足自身的生长发育需要，倘若过早地使之配种受孕，则不仅会妨碍母牛身体的生长发育，造成母牛个体偏小，分娩时由于身体各器官系统发育不成熟而易于难产，而且还会使母腹中的胎儿由于得不到充足的营养而体质虚弱，发育不良，甚至娩出死胎。

体成熟是指公母牛骨骼、肌肉和内脏各器官已基本发育完成，而且具备了成年时固有的形态和结构。因此，母牛性成熟并不意味着配种适龄，因为在整个个体的生长发育过程中，体成熟期要比性成熟期晚得多，这时虽然性腺已经发育成熟，但个体发育尚未完善。育成母牛交配过早，不仅会影响其本身的正常发育和生产性能，缩短利用年限，并且还会影响到幼犊的生活力和生产性能。只有当母牛生长发育基本完成时，其机体具有了成年牛的结构和形态，达到体成熟时才能参加配种。通常肉牛的初次输精（配种）适龄为16～18月龄，或达到成年母牛体重的70%为宜。

一般来说，性成熟早的母牛，体成熟也早，可以早点配种、产犊，从而提高母牛终生的产犊数并增加经济效益。育成母牛初配年龄应在加强饲养管理和培育的基础上，根据其生长发育和健康状况而决定，只有发育良好的育成母牛才可提前配种。这样可提高母牛的生产性能，降低生产成本。

三、怀孕母牛的饲养管理

怀孕期母牛的营养需要和胎儿的生长有直接关系。妊娠前期胎儿各组织器官处于分化形成阶段，营养上不必增加需要量，但要保证饲养的全价性，尤其是矿物元素和维生素A、维生素D和维生素E的供给。对于没有带犊的母牛，饲养上只考虑母牛维持和运动的营养需要量；对于带犊母牛，饲养上应考虑母牛维持、运动、泌乳的营养需要量。一般而言，以优质青粗饲料为主，精料为辅。胎儿的增重主要在妊娠的最后3个月，此期的增重占犊牛初生重的70%～80%，需要从母体供给大量营养，饲养上要注意增加精料量，多给蛋白质含量高的饲料。一般在母牛分娩前，至少要增重45～70千克，才足以保证产犊后的正常泌乳与发情。

(一) 舍饲

舍饲时可一头母牛一个牛床，单设犊牛室；也可在母牛床侧建犊牛岛，各牛床间用隔栏分开。前一种方式设施利用率高，犊牛易于管理，但耗工；后一种方式设施利用率低，简便省事，节约劳动力。舍饲的牛舍要设运动场，以保证繁殖母牛有充足的光照和运动。

1. 日粮

按以青粗饲料为主适当搭配精饲料的原则，参照饲养标准配合日粮。粗料如以玉米秸为主，由于蛋白质含量低，可搭配1/3～1/2优质豆科牧草，再补饲饼粕类，也可以用尿素代替部分饲料蛋白。粗料以麦秸为主时，则须搭配豆科牧草，根据膘情补加混合精料1～2千克，精料配方：玉米52%，饼类20%，麸皮25%，石粉1%，食盐1%，微量元素、维生素1%。另每头牛每天添加1 200～1 600国际单位维生素A。怀孕母牛应适当控制棉籽饼、菜籽饼、酒糟等饲料的喂量。

2. 管理

精料量较多时，可按先精后粗的顺序饲喂。精料和多汁饲料较少（占日粮干物质10%以下）时，可采用先粗后精的顺序饲喂，即先喂粗料，待牛吃半饱后，在粗料中拌入部分精料或多汁料碎块，引诱牛多采食，最后把余下的精料全部投饲，吃净后下槽。不能喂冰冻、发霉饲料。饮水温度要求不低于10℃。怀孕后期应做好保胎工作，无论放牧或舍饲，都要防止挤撞、猛跑。在饲料条件较好时，要避免过肥和运动不足。充足的运动可增强母牛体质，促进胎儿生长发育，并可防止难产。

(二) 放牧

以放牧为主的肉牛业，青草季节应尽量延长放牧时间，一般可不补饲。枯草季节，根据牧草质量和牛的营养需要确定补饲草料的种类和数量；特别是在怀孕最后的2~3个月，如遇枯草期，应进行重点补饲，另外枯草期维生素A缺乏，注意补饲胡萝卜，每头每天0.5~1千克，或添加维生素A添加剂；另外应补足蛋白质、能量饲料及矿物质的需要。精料补量每头每天1千克左右。精料配方：玉米50%，麦麸10%，豆饼30%，高粱7%，石粉2%，食盐1%。

四、分娩期母牛的饲养管理

分娩期（围产期）是指母牛分娩前后各15 d。这一阶段对母牛、胎犊和新生犊牛的健康都非常重要。围产期母牛发病率高，死亡率也高，因此必须加强护理。围产期是母牛经历妊娠至产犊至泌乳的生理变化过程，在饲养管理上有其特殊性。

（一）产前准备

母牛应在预产期前1~2周进入产房。产房要求宽敞、清洁、保暖、环境安静，并在母牛进入产房前用10%石灰水粉刷消毒，干后在地面铺以清洁干燥、卫生（日光晒过）的柔软垫草。在产房，临产母牛应单栏饲养并可自由运动，喂易消化的饲草饲料，如优质青干草、苜蓿干草和少量精料；饮水要清洁卫生，冬天最好饮温水。在产前要准备好用于接产和助产的用具、器具和药品。在母牛分娩时，要细心照顾，合理助产，严禁粗暴。为保证安全接产，必须安排有经验的饲养人员昼夜值班，注意观察母牛的临产症状，保证安全分娩。纯种肉用牛难产率较高，尤其初产母牛，必须做好助产工作。

母牛在分娩前1~3 d，食欲低下，消化机能较弱，此时要精心调配饲料，精料最好调制成粥状，特别要保证充足的饮水。

（二）临产征兆

随着胎儿的逐步发育成熟和产期的临近，母牛在临产前发生一系列变化。主要有：

（1）乳房　产前约半个月乳房开始膨大，一般在产前几天可以从乳头挤出黏稠、淡黄色液体，当能挤出乳白色初乳时，分娩可在1~2 d内发生。

（2）阴门分泌物　妊娠后期阴唇肿胀，封闭子宫颈口的黏液塞溶化，如发现透明索状物从阴门流出，则1~2 d内将分娩。

（3）“塌沿”　妊娠末期，骨盆部韧带软化，臀部有塌陷现象。在分娩前一两天，骨盆韧带充分软化，尾部两侧肌肉明显塌陷，俗称“塌沿”，这是临产的主要症状。

（4）宫缩　临产前，子宫肌肉开始扩张，继而出现宫缩，母牛卧立不安，频频排出粪尿，不时回头，说明产期将近。

观察到以上情况，应立即做好接产准备。

（三）接产

一般胎膜小泡露出后10~20分钟，母牛多卧下（要使它向左侧卧）。当胎儿前蹄将胎膜顶破时，要用桶将羊水（胎水）接住，产后给母牛灌服3.5~4千克，可预防胎衣不下。正常情况是两前脚夹着头先出来；倘发生难产，应先将胎儿顺势推回子宫，矫正胎位，不可硬拉。倒生时，当两腿产出后，应及早拉出胎儿，防止胎儿腹部进入产道后脐带被压在骨盆底下，造成胎儿窒息死亡。若母牛阵缩、努责微弱，应进行助产。用消毒绳缚住胎儿两前肢系部，助产者双手伸入产道，大拇指插入胎儿口角，然后捏住下颚，趁母牛努责时，一起用力拉，用力方向应稍向母牛臀部后上方。但拉的动作要缓慢，以免发生子宫内翻或脱出。当胎儿腹部通过阴门时，用手捂住胎儿脐孔部，防止脐带断在脐孔内，并延长断脐时间，使胎儿获得更多的血液。母牛分娩后应尽早将其驱起，以免流血过多，也有利于生殖器官的复位。为防子宫脱出，可牵引母牛缓行15分钟左右，以后逐渐增加运动量。

（四）产后护理

母牛分娩后，由于大量失水，要立即喂母牛以温热、足量的麸皮盐水（麸皮1~2千克，盐100~150克，碳酸钙50~100克，温水15~20千克），可起到暖腹、充饥、增腹压的作用。同时喂给母牛优质、嫩软的干草1~2千克。为促进子宫恢复和恶露排出，还可补给益母草温热红糖水（益母草250克，水1 500克，煎成水剂后，再加红糖1 000克，水3 000克），每日1次，连服2~3 d。

胎衣一般在产后5~8小时排出，最长不应超过12小时。如果超过12小时，尤其是夏天，应进行药物治疗，投放防腐剂或及早进行剥离手术，否则易继发子宫内膜炎，影响今后的繁殖。可在子宫内投入5%~10%的氯化纳溶液300~500毫升或用生理盐水200~300毫升溶解金霉素、土霉素或氯霉素2~5克，注入子宫内膜和胎衣间。胎衣排出后应检查是否排出完全及有无病理变化，并密切注意恶露排出的颜色、气味和数量，以防子宫弛缓引起恶露滞留，导致疾病。要防止母牛自食胎衣，以免引起消化不良。如胎衣在阴门外太长，最好打一个结，不让后蹄踩踏；严禁拴系重物，以防子宫脱出。对于挤奶的母牛，产后5 d内不要挤净初乳，可逐步增加挤奶量。母牛产后一般康复期为2~3周。

母牛经过产犊，气血亏损，抵抗力减弱，消化机能及产道的恢复需要一段时间，而乳腺的分泌机能却在逐渐加强，泌乳量逐日上升，形成了体质与产乳的矛盾。此时在饲养上要以恢复母牛体质为目的。在饲料的调配上要加强其适口性，刺激牛的食欲。粗饲料则以优质干草为主。精料不可太多，但要全价，优质，适口性好，最好能调制成粥状，并可适当添加一定的增味饲料，如糖类等。对体弱母牛，在产犊 3 d 后喂给优质干草，3 ~4 d 后可喂多汁饲料和精饲料。当乳房水肿完全消失时，饲料即可增至正常。如果母牛产后乳房没有水肿，体质健康粪便正常，在产犊后第一天就可喂给多汁饲料，到 6 ~ 7 d 时，便可增加到足够喂量。要保持充足、清洁、适温的饮水。一般产后 1 ~5 d 应饮给温水，水温 37 ~40℃，以后逐渐降至常温。

产犊的最初几天，母牛乳房内血液循环及乳腺细胞活动的控制与调节均未正常，如乳房水肿严重，要加强乳房的热敷和按摩，每次挤奶热敷按摩 5 ~10 分钟，促进乳房消肿。

分娩后阴门松弛，躺卧时黏膜外翻易接触地面，为避免感染，地面应保持清洁，垫草要勤换。母牛的后躯阴门及尾部应用消毒液清洗，以保持清洁。加强监护，随时观察恶露排出情况，观察阴门、乳房、乳头等部位是否有损伤。每日测 1 ~2 次体温，若有升高，则及时查明原因进行处理。

五、哺乳母牛的饲养管理与产后配种

（一）哺乳母牛的饲养管理

哺乳母牛的主要任务是多产奶，以供犊牛需要。母牛在哺乳期所消耗的营养比妊娠后期要多；每产 1 千克含脂率 4% 的奶，相当消耗 0.3 ~0.4 千克配合饲料的营养物质。1 头大型肉用母牛，在自然哺乳时，平均日产奶量可达 6 ~7 千克，产后

2~3 个月到达泌乳高峰；本地黄牛产后平均日产奶 2~4 千克，泌乳高峰多在产后 1 个月出现。西门塔尔等兼用牛平均日产奶量可达 10 千克以上，此时母牛如果营养不足，不仅产乳量下降，还会损害健康。

母牛分娩 3 周后，泌乳量迅速上升，母牛身体已恢复正常，应增加精料用量，日粮中粗蛋白含量以 10%~11% 为宜，应供给优质粗饲料。饲料要多样化，一般精、粗饲料各由 3~4 种组成，并大量饲喂青绿、多汁饲料，以保证泌乳需要和母牛发情。舍饲饲养时，在饲喂青贮玉米或氨化秸秆保证维持需要的基础上，补喂混合精料 2~3 千克，并补充矿物质及维生素添加剂。放牧饲养时，因为早春产犊母牛正处于牧地青草供应不足的时期，为保证母牛产奶量，要特别注意泌乳早期的补饲。除补饲秸秆、青干草、青贮料等，每天补喂混合精料 2 千克左右，同时注意补充矿物质及维生素。头胎泌乳的青年母牛除泌乳需要外，还需要继续生长，营养不足对繁殖力影响明显，所以一定要饲喂优良的禾本科及豆科牧草，精料搭配多样化。在此期间，应加强乳房按摩，经常刷拭牛体，促使母牛加强运动，充足饮水。

分娩 3 个月后，产奶量逐渐下降，母牛处于妊娠早期，饲养上可适当减少精料喂量，并通过加强运动、梳刮牛体、给足饮水等措施，加强乳房按摩及精细的管理，可以延缓泌乳量下降；要保证饲料质量，注意蛋白质品质，供给充足的钙磷、微量元素和维生素。这个时期，牛的采食量有较大增长，如饲喂过量的精料，极易造成母牛过肥，影响泌乳和繁殖。因此，应根据体况和粗饲料供应情况确定精料喂量，多供青绿多汁饲料。

现列出两个哺乳期母牛的精料配方，供参考。

配方 1：玉米 50%，熟豆饼（粕）10%，棉仁饼（或棉粕）

5%，胡麻饼5%，花生饼3%，葵籽饼4%，麸皮20%，磷酸氢钙1.5%，碳酸钙0.5%，食盐0.9%，微量元素和维生素添加剂0.1%。

配方2：玉米50%，熟豆饼（粕）20%，麸皮12%，玉米蛋白10%，酵母饲料5%，磷酸氢钙1.6%，碳酸钙0.4%，食盐0.9%，强化微量元素与维生素添加剂0.1%。

（二）产后配种

繁殖母牛在产后配种前应具有中上等膘情，过瘦过肥往往影响繁殖。在肉用母牛的饲养管理中，容易出现精料过多而又运动不足，造成母牛过肥，不发情。但在营养缺乏、母牛瘦弱的情况下，也会造成母牛不发情而影响繁殖。瘦弱母牛配种前1～2个月加强饲养，应适当补饲精料，提高受胎率。

母牛产后开始出现发情平均为产后34 d（20～70 d）。但由于我国各种原因，1998年张志胜等对河北大厂、赞皇、丰宁、抚宁等县西杂牛的调查，母牛产后第一次发情时间平均138.5 d。一般母牛产后1～3个发情期，发情排卵比较正常，随着时间的推移，犊牛体重增大，消耗增多，如果不能及时补饲，往往母牛膘情下降，发情排卵受到影响。因此，产后多次错过发情期，则发情期受胎率会越来越低。如果出现此种情况，应及时进行直肠检查，摸清情况，慎重处理。

母牛出现空怀，应根据不同情况加以处理。造成母牛空怀的原因，有先天和后天两个方面。先天不孕一般是由于母牛生殖器官发育异常，如子宫颈位置不正、阴道狭窄、幼稚病、异性孪生的母犊和两性畸形等，先天性不孕的情况较少，在育种工作中淘汰那些隐性基因的携带者，就能加以解决。后天性不孕主要是由于营养缺乏、饲养管理及生殖器官疾病所致。

成年母牛因饲养管理不当造成不孕，在恢复正常营养水平后，大多能够自愈。在犊牛时期由于营养不良致生长发育受阻，影响生殖器官正常发育而造成的不孕，则很难用饲养方法补救。若育成母牛长期营养不足，则往往导致初情期推迟，初产时出现难产或死胎，并且影响以后的繁殖力。

另外，改善饲养管理条件，增加运动和日光浴可增强牛群体质、提高母牛的繁殖能力。牛舍内通风不良、空气污浊、夏季闷热、冬季寒冷、过度潮湿等恶劣环境极易危害牛体健康，造成个体敏感，发情停止。因此，改善饲养管理条件十分重要。

第二节　肉牛生态育肥技术

一、犊牛育肥技术

（一）小白牛肉生产技术

小白牛肉是指犊牛生后一般是将犊牛培育至 6 ~ 8 周龄体重 90 千克时屠宰，或 18 ~ 26 周龄，体重达到 180 ~ 240 千克屠宰。完全用全乳、脱脂乳、代用乳饲喂，生产小白牛肉犊牛少喂或不喂其他饲料，因此，小白牛肉生产不仅饲喂成本高，牛肉售价也高，其价格是一般牛肉价格的 2 ~ 10 倍。

小白牛肉的肉质软嫩，味道鲜美，肉呈白色或稍带浅粉色，营养价值很高，蛋白质含量比一般的牛肉高，脂肪却低于普通牛肉，人体所需的氨基酸和维生素齐全，又容易消化吸收，属于高档牛肉。

小白牛肉的生产以荷兰最为突出。荷兰乳用品种牛肉占牛肉总产量的90%，其产的小白牛肉向多个国家出口，价格昂贵，以柔嫩多汁、味美色白而享誉世界。其他如欧盟各国，德、美、加、澳、日等国的发展也很快。

1. 小白牛肉分类

鲍布小白牛肉：犊牛的屠宰年龄少于4周，屠宰活重57千克以下，其瘦肉颜色呈淡粉红色，肉质极嫩。

犊牛小牛肉：犊牛的屠宰年龄为4~12周龄，活重57~140千克。

特殊饲喂小犊牛肉：犊牛全部饲喂给全乳或营养全价的代乳粉，直到12~26周龄，体重达到150~240千克屠宰。肉色为象牙白或奶油状的粉红，肉质柔软、有韧性，肉味鲜美。这种特殊饲喂的小白牛肉大约占美国小白牛肉产量的85%，荷兰基本也采用此生产模式。

精料饲喂的小白牛肉：犊牛前6周以牛乳为基础饲喂，然后喂以全谷物和蛋白的日粮，这种犊牛肉肉色较深，有大理石纹和可见的脂肪，屠宰年龄5~6月龄，活重220~260千克。

2. 小白牛肉生产的饲养模式

(1) 单笼拴系饲养　传统的饲养方式，犊牛笼尺寸大多选用的是64~74厘米宽、176厘米长的犊牛笼。其笼子地面多用条形板或是镀了金属的塑料铺设，其间有空隙，以便及时清除粪尿。笼前方有开口，可供犊牛将伸出采食饲料和饮水。笼子两个侧面也是用条形板围成，用来防止犊牛之间的相互吮舔，整个牛笼后部和顶部均是敞开的，犊牛用61~92厘米长的塑料绳或者金属链子拴系到笼子前面，限制其自由活动。

(2) 单笼不拴系饲养　为了保证动物健康和福利，目前有些国家规定了犊牛的活动空间，一般每头牛位1.8平方米，在荷兰犊牛笼尺寸大多选用的是80~100厘米宽、180~200厘米长的犊牛笼。地面多用条形木板。保证犊牛能够转身活动。

(3) 圈舍群养　犊牛在条形板铺成的圈舍里群养，每头犊牛所占面积1.3～1.8平方米不等，在此种饲喂模式下，犊牛在进入育肥场后，将每头牛拴系起来进行饲喂，6～8周以后，只在每天喂料的30分钟里将犊牛拴系起来，其他时间让其自由活动。地面选用条形板或者铺放干草垫，在地面铺放干草垫时，给犊牛戴上了口罩，防止其采食干草。

(4) 群饲与单独饲养结合模式（荷兰饲养模式）　犊牛在前8周采取小圈群饲，5头一圈，共约9平方米；8周后每头单独饲养，每头牛位1.8平方米。

3. 犊牛的选择

生产白牛肉的犊牛品种很多，肉用品种、乳用品种、兼用品种或杂交种牛犊都可以。目前，以前期生长速度快、牛源充足、价格较低的奶牛公犊为主，且便于组织生产。奶牛公犊一般选择初生重不低于40千克、无缺损、健康状况良好的初生公牛犊。体质良好，最好为母牛两产以上所生的犊牛。体形外貌应选择头方嘴大、前管围粗壮、蹄大的犊牛。

4. 育肥方法

(1) 全乳或代乳粉　传统的白牛肉生产，由于犊牛吃了草料后肉色会变暗，不受消费者欢迎，为此犊牛肥育不能直接饲喂精料、粗料，应以全乳或代乳品为饲料。1千克牛肉约消耗10千克牛乳，很不经济，因此，近年来采用代乳料加人工乳喂养越来越普遍。采用代乳料和人工乳喂养，平均每生产1千克小白牛肉需1.3千克的干代乳料或人工乳。不同代乳料间质量差异很大，主要与脂质水平和蛋白源相关（植物源蛋白、动物血清、鸡蛋蛋白及乳源蛋白）。4周龄前的犊牛不能有效消化植物源蛋白，因此，不能仅为了节省成本而冒险使用低质代乳料。

（2）荷兰标准化的犊牛白肉育肥体系　在荷兰，一般的奶公犊出生后吃足初乳，在奶牛场饲养 2～5 周后送往犊牛选择与配送中心，按周龄和体重分组后直接送往育肥场，仅范德利集团在荷兰就有 35 家选配中心。为了减少运输应激，荷兰本国内的犊牛运输，本着就近的原则，一般不超过 2.5 小时的路途。运输车辆一般采用箱式设计，上、下两层，侧面有小窗和排风扇。路途较远的运输车辆装有空调系统。运输前后饮水中加糖，运到后第 1 周所有犊牛在代乳粉中加入抗生素（土霉素 + 阿莫西林）预防疾病。

育肥场一般是自愿加入范德利集团合作组织的农户，每户存栏一般 2～3 栋育肥牛舍，每栋 800 头左右。由于机械化程度较高，农户只需饲养管理人员 1～2 人，不雇用其他人员。犊牛能接触的所有设施都不含有铁，如木质漏缝地板、犊牛栏采用不锈钢材料制作。每栋育肥舍包括饲料间（代乳粉搅拌器等设施，由管道通往牛舍）、管理间（电脑管理系统）和牛舍等。

2～5 周龄的犊牛直接运到农户育肥场后便进入了范德利集团标准化的管理中。统一供给代乳粉（每头牛大约需要 360 千克代乳粉）和精饲料。每天 2 次代乳粉，使用自动计量的管道式加奶装置。代乳粉参考配方：乳清 70%、脂肪 20%、植物（大豆）蛋白 10%。4 周开始补固体料，精粗比 90：10～85：25（4 周开始每天 200 克到 16 周 1 千克，20 周以后 2 千克），每天 2 次精粗饲料，精粗饲料主要有压片玉米、大麦、黄豆、青贮、麦秸等。所有饲料均为低铁饲料，控制维生素 A40 毫克/千克。

育肥场管理精细，奶桶和补料槽分开。为了预防犊牛肚胀，奶桶配有自动漂浮的奶嘴，供犊牛吸吮代乳粉，有利于食管沟反射。代乳粉兑热水温度 65～75℃，喂牛控制温度在 40～42℃。

出栏在26周，体重240千克左右，胴体重140千克左右，净肉重100千克左右。由于管理完善，整个育肥期腹泻率5%～10%，死亡率3%以下。

5. 小白牛肉生产中常见的问题

（1）笼养犊牛食欲下降　在单笼拴系饲养条件下，圈舍狭窄的设计严重限制了犊牛的自身的运动，并阻止了犊牛之间的相互联系，造成犊牛精神消沉，产生慢性应激，进而会导致犊牛食欲的降低。

（2）笼养犊牛消化问题　如果只喂牛乳而不喂饲草，会抑制犊牛瘤胃发育。因此常出现多数时间在舔食可以接触到的任何物品，过度地舔食自己所能接触到的身体部位，造成大量的牛毛进入瘤胃，进而形成毛球，有可能阻塞食物通道。对犊牛进行人工抚摸和让其舔食手指可以减轻以上症状。

（3）群饲易发生的疾病　其一，群饲容易舔食其他牛的耳朵、脐带和阴茎，这些不良行为通常会造成舔食部位发炎和感染；其二，犊牛喝其他牛的尿也会影响其消化代谢和健康；其三，群养条件下的犊牛之间接触比较紧密，增加了疾病传染的可能性，主要疾病是肠炎和呼吸道疾病，另外，群养犊牛接受疾病治疗比较困难。

（4）贫血　日粮中铁的缺乏会造成犊牛贫血，造成犊牛对外界应激做出反应比较困难，影响犊牛的健康。铁的缺乏还会造成血中血红蛋白含量减少，造成动物机体摄入的氧气不足，进而加重心血管系统的负荷。此外，日粮中铁的缺乏还易导致犊牛酸中毒。单笼饲养的犊牛贫血发病率比群养犊牛高。

6. 犊牛腹泻的预防和治疗

预防措施：吃足初乳，增强抗病力；保持牛床干燥、常消毒，可防止细菌、病毒、球虫等引起的腹泻。

治疗：能吃奶的犊牛给予其电解质补充液（复方生理盐水+糖+小苏打）；或在乳中加入庆大霉素，2~3支，3次/天。不能吃奶的犊牛给予静脉注射，5%糖盐水+5%小苏打+抗生素（庆大等）。

（二）小牛肉生产技术

小牛肉是犊牛出生后饲养至7~8月龄或12月龄以前，以乳和精料为主，辅以少量干草培育，体重达到300~450千克所产的肉，称为“小牛肉”。小牛肉分大胴体和小胴体。犊牛育肥至7~8月龄，体重达到250~300千克，屠宰率58%~62%，胴体重130~150千克称小胴体。如果育肥至8~12月龄屠宰活重达到350千克以上，胴体重200千克以上，则称为大胴体。西方国家目前的市场动向，大胴体较小胴体的销路好。牛肉品质要求多汁，肉质呈淡粉红色，胴体表面均匀覆盖一层白色脂肪。为了使小牛肉肉色发红，许多育肥场在全乳或代用乳中补加铁和铜，并还可以提高肉质和减少犊牛疾病的发生。犊牛肉蛋白质比一般牛肉高27.2%~63.8%，而脂肪却低95%左右，并且人体所需的氨基酸和维生素齐全，是理想的高档牛肉，发展前景十分广阔。

1. 犊牛品种的选择

生产小牛肉应尽量选择早期生长发育速度快的牛品种，因此，肉用牛的公犊和淘汰母犊是生产小牛肉的最好选材。在国外，奶牛公犊也是被广泛利用生产小牛肉的原材料之一。目前，在我国还没有专门化肉牛品种的条件下，应以选择黑白花奶牛公犊和肉用牛与本地牛杂交犊牛为主。

2. 犊牛性别和体重的选择

生产小牛肉，犊牛以选择公犊牛为佳，因为公犊牛生长快，可以提高牛肉生产率和经济效益。体重一般要求初生重在 35 千克以上，健康无病，无缺损。

3. 育肥技术

小牛肉生产实际是育肥与犊牛的生长同期。犊牛出生后 3 d 内可以采用随母哺乳，也可采用人工哺乳，但出生 3 日后必须改由人工哺乳，1 月龄内按体重的 8% ~9% 喂给牛奶。精料量从 7 ~10 日龄开始习食后逐渐增加到 0.5 ~0.6 千克，青干草或青草任其自由采食。1 月龄后喂奶量保持不变，精料和青干草则继续增加，直至育肥到 6 月龄为止。可以在此阶段出售，也可继续育肥至 7 ~8 月龄或 1 周岁出栏。出栏时期的选择，根据消费者对小牛肉口味喜好的要求而定，不同国家之间并不相同。

在国外，为了节省牛奶，更广泛采用代乳料。在采用全乳还是代用乳饲喂时，国内可根据综合的支出成本高低来决定采用哪种类型。因为代乳品或人工乳如果不采用工厂化批量生产，其成本反而会高于全乳。所以，在小规模生产中，使用全乳喂养可能效益更好。

二、直线育肥技术

直线育肥也称持续育肥，是指犊牛断奶后，立即转入育肥阶段进行育肥，直到出栏。持续育肥由于在饲料利用率较高的生长阶段保持较高的增重，缩短了生产周期，较好地提高了出栏率，故总效率高，生产的牛肉肉质鲜嫩，改善了肉质，满足市场高档牛肉的需求，是值得推广的一种方法。

（一）舍饲持续育肥技术

持续育肥应选择肉用良种牛或其改良牛，在犊牛阶段采取较合理的饲养，使其平均日增重达到0.8~0.9千克，180日龄体重达到200千克进入育肥期，按日增重大于1.2千克配制日粮，到12月龄时体重达到450千克。可充分利用随母哺乳或人工哺乳：0~30日龄，每日每头全乳喂量6~7千克；31~60日龄，8千克；61~90日龄，7千克；91~120日龄，4千克。在0~90日龄，犊牛自由采食配合料（玉米63%、豆饼24%、麸皮10%、磷酸氢钙1.5%、食盐1%、小苏打0.5%）。此外，每千克精料中加维生素A 0.5万~1万国际单位。91~180日龄，每日每头喂配合料1.2~2.0千克。181日龄进入育肥期，按体重的1.5%喂配合料，粗饲料自由采食。

（二）放牧舍饲持续育肥技术

夏季水草茂盛，也是放牧的最好季节，充分利用野生青草的营养价值高、适口性好和消化率高的优点，采用放牧育肥方式。当温度超过30℃，注意防暑降温，可采取夜间放牧的方式，提高采食量，增加经济效益。春、秋季应白天放牧，夜间补饲一定量青贮、氨化、微秸秆等粗饲料和少量精料。冬季要补充一定的精料，适当增加能量饲料，提高肉牛的防寒能力，降低能量在基础代谢上的比例。

（1）放牧加补饲持续肥育技术　在牧草条件较好的牧区，犊牛断奶后，以放牧为主，根据草场情况，适当补充精料或干草，使其在18日龄体重达400千克。要实现这一目标，犊牛在哺乳阶段，平均日增重应达到0.9~1千克，冬季日增重保持0.4~0.6千克，第二个夏季日增重在0.9千克。在枯草季节，对育肥牛每天每头补喂精料1~2千克。放牧时应做到合理分群，每群50头左右，分群轮牧。我国1头体重120~150千克牛需1.5~2公顷草场，放牧肥育时间一般在5~11月，放牧时要注意牛的休息、饮水和补盐。夏季防暑，狠抓秋膘。

（2）放牧—舍饲—放牧持续肥育技术　此法适应于9~11月出生的秋犊。犊牛出生后随母牛哺乳或人工哺乳，哺乳期日增重0.6千克，断奶时体重达到70千克。断奶后以喂粗饲料为主，进行冬季舍饲，自由采食青贮料或干草，日喂精料不超过2千克，平均日增重0.9千克。到6月龄体重达到180千克。然后在优良牧草地放牧（此时正值4~10月），要求平均日增重保持0.8千克。到12月龄可达到325千克。转入舍饲，自由采食青贮料或青干草，日喂精料2~5千克，平均日增重0.9千克，到18月龄，体重达490千克。

三、高档牛肉生产技术

随着消费水平的提高，人们对高档牛肉和优质牛肉的需求急剧增加。育肥高档肉牛、生产高档牛肉具有十分显著的经济效益和广阔的发展前景。为到达高的高档牛肉量、高屠宰率，在肉牛的育肥饲养管理技术上有着严格的要求。

（一）高档牛肉的基本要求

所谓高档牛肉，是指能够作为高档食品的优质牛肉，如牛排、烤牛肉、肥牛肉等。优质牛肉的生产，肉牛屠宰年龄在12~18月龄的公牛，屠宰体重400~500千克。高档牛肉的生产，屠宰体重600千克以上，以阉牛育肥为最好；高档牛肉在满足牛肉嫩度剪切值3.62千克以下、大理石花纹1级或2级、质地松弛、多汁色鲜、风味浓香的前提下，还应具备产品的安全性即可追溯性以及产品的规模化、标准化、批量化和常态化。

高档肉牛经过高标准的育肥后其屠宰率可达65%～75%，其中高档牛肉量可占到胴体重的8%～12%，或是活体重的5%左右。85%的牛肉可作为优质牛肉，少量为普通牛肉。

1. 品种与性别要求

高档牛肉的生产对肉牛品种有一定的要求，不是所有的肉牛品种，都能生产出高档牛肉。经试验证明某些肉牛品种如西门塔尔牛、婆罗门牛等品种不能生产出高档牛肉。目前国际上常用安格斯、日本和牛、墨累灰等及以这些品种改良的肉牛作为高档牛肉生产的材料。国内的许多地方品种如秦川牛、晋南牛、鲁西牛、南阳牛、延边牛、郏县红牛、复州牛、渤海黑牛、草原红牛、新疆褐牛、三河牛、科尔沁牛等品种适合用于高档牛肉的生产。用地方优良品种导入能生产高档牛肉的肉牛品种生产的杂交改良牛也可用于高档牛肉的生产。

生产高档牛肉的公牛必须去势，因为阉牛的胴体等级高于公牛，而阉牛又比母牛的生长速度快。母牛的肉质最好。

2. 育肥时间要求

高档牛肉的生产育肥时间通常要求在18～24个月，如果育肥时间过短，脂肪很难均匀地沉积于优质肉块的肌肉间隙内，如果育肥牛年龄超过30月龄，肌间脂肪的沉积要求虽到达了高档牛肉的要求，但其牛肉嫩度很难到达高档牛肉的要求。

3. 屠宰体重要求

屠宰前的体重到达600～800千克，没有这样的宰前活重，牛肉的品质达不到高档级标准。

（二）育肥牛营养水平与饲料要求

7～13月龄日粮营养水平：粗蛋白12%～14%，消化能

3.0～3.2 Mcal/千克，或总可消化养分在70%。精料占体重1.0%～1.2%，自由采食优质粗饲料。

14～22月龄日粮营养水平：粗蛋白14%～16%，消化能3.3～3.5 Mcal/千克，或者总可消化养分73%。精料占体重1.2%～1.4%，用青贮和黄色秸秆搭配粗饲料。

23～28月龄日粮营养水平：日粮粗蛋白11%～13%，消化能3.3～3.5 Mcal/千克，或者总可消化养分74%，精料占体重1.3%～1.5%，此阶段为肉质改善期，少喂或不喂含各种能加重脂肪组织颜色的草料，例如，黄玉米、南瓜、红胡萝卜、青草等。改喂使脂肪白而坚硬的饲料，例如麦类、麸皮、麦糠、马铃薯和淀粉渣等，粗料最好用含叶绿素、叶黄素较少的饲草，例如玉米秸、谷草、干草等。在日粮变动时，要注意做到逐渐过渡。一般要求精料中麦类大于25%、大豆粕或炒制大豆大于8%，棉粕（饼）小于3%，不使用菜籽饼（粕）。

按照不同阶段制订科学饲料配方，注意饲料的营养平衡，以保证牛的正常发育和生产的营养需要，防止营养代谢障碍和中毒疾病的发生。

（三）高档牛肉育肥牛的饲养管理技术

1. 育肥公犊标准和去势技术

标准犊牛：①胸幅宽，胸垂无脂肪、呈V字形；②育肥初期不需重喂改体况；③食量大、增重快、肉质好；④闹病少。不标准犊牛：①胸幅窄，胸垂有脂肪、呈U字形；②育肥初期需要重喂改体况；③食量小、增重慢、肉质差；④易患肾、尿结石，突然无食欲，闹病多。

用于生产高档牛肉的公犊，在育肥前需要进行去势处理，应严格在4～5月龄（4.5月龄阉割最好），太早容易形成尿结石，太晚影响牛肉等级。

2. 饲养管理技术

（1）分群饲养　按育肥牛的品种、年龄、体况、体重进行分群饲养，自由活动，禁止拴系饲养。

（2）改善环境、注意卫生　牛舍要采光充足，通风良好。冬天防寒，夏天防暑，排水通畅，牛床清洁，粪便及时清理，运动场干燥无积水。要经常刷拭或冲洗牛体，保持牛体、牛床、用具等的清洁卫生，防止呼吸道、消化道、皮肤及肢蹄疾病的发生。舍内垫料多用锯末子或稻皮子。饲槽、水槽 3 ~ 4 d 清洗 1 次。

（3）充足给水、适当运动　肉牛每天需要大量饮水，保证其洁净的饮用水，有条件的牛场应设置自动饮水装置。如由人工喂水，饲养人员必须每天按时供给充足的清洁饮水。特别在炎热的夏季，供给充足的清洁饮水是非常重要的。同时，应适当给予运动，运动可增进食欲，增强体质，有效降低前胃疾病的发生。沐浴阳光，有利育肥牛的生长发育，有效减少佝偻病发生。

（4）刷拭、按摩　在育肥的中后期，每天对育肥牛用毛刷、手对其全身进行刷拭或按摩 2 次，来促进体表毛细血管血液的流通，有利于脂肪在体表肌肉内均匀分布，在一定程度上能提高高档牛肉的产量，这在高档牛肉生产中尤为重要，也是最容易被忽视的细节。

（四）屠宰

优质和高档牛肉的生产加工工艺流程是：膘情评定→检疫→称重→淋浴→倒吊→击昏→放血→剥皮（去头、蹄和尾巴）→去内脏→胴体劈半→冲洗→修整→称重→冷却→排酸成熟→剔骨分割、修整→包装。

（五）排酸与嫩化

1. 肉的成熟

牛经屠宰后，肉质内部发生一系列变化，结果使肉柔软、多汁，并产生特殊的滋味和气味。这一过程称为肉的成熟。成熟的肉，表面形成一层透明的干燥膜，富有弹性，可阻碍微生物侵入。肉的切面湿润多汁，有光泽，呈酸性反应。一般成熟过程可分为如下两个阶段。

（1）尸僵过程　牛屠宰后，经一段时间，肌肉组织由原来的松弛柔软状态逐渐变为僵硬，关节失去活动性。这一过程称为尸僵。造成尸僵的原因是：宰后血液流尽，氧的供应停止，肌肉中糖原分解形成乳酸，肌球蛋白和肌动蛋白结合成刚性的肌动球蛋白。尸僵使肌肉增厚，长度缩短。牛胴体尸僵于宰后10小时开始，持续15～24小时。低温使尸僵过程变慢和持续时间延长，有利于保持肉的新鲜度。

（2）自溶过程　当肉到尸僵终点并保持一定时间后，又逐渐开始变软、多汁，并获得细致的结构和美好的滋味。这一过程称为自溶过程。自溶是由于肉本身固有的酶的作用，使部分蛋白质分解，肉的酸度提高等所致。蛋白质分解及成熟过程中形成的肌苷酸，使肉具有特殊的香味。

从糖原分解至肉的尸僵而自溶，这一整个过程就是肉的成熟过程。肉成熟所需时间与温度有关。0℃和80%～85%的相对温湿度条件下，牛肉14 d左右可达成熟的最佳状态。10℃时4～5 d；15℃时2～3 d；29℃约几小时。但温度过高，会造成微生物活动而使肉变质。在工业生产条件下，通常是把胴体放在0～4℃的冷藏库内，保持2～14昼夜使其适当成熟。

加快肉成熟可通过以下途径进行。

①阻止屠宰后僵直的发展。屠宰前给牛注射肾上腺素等，使牛在活体时加快糖的代谢，宰后肌肉中糖原和乳酸含量少，肉的 pH 值较高（pH 值 6.4～6.9），肉始终保持柔软状态。同时使肌球蛋白的碎片增加，不能形成肌动球蛋白，死后僵直便不会出现。

②电刺激加快死后僵直的发展。电刺激可以促进肌肉生化反应过程以及 pH 的下降速度，促进肌肉转化成肉的成熟过程。电刺激的频率和刺激时间长短对肌肉的 pH 值下降有直接影响。通常 100～300 伏，12.5 赫兹的电流，对热鲜肉处理 2 分钟，能使肌肉的 pH 值迅速降低，并可加速溶酶体膜的破裂，大量的组织蛋白酶释放出来并被激活，从而加速肉的成熟。

③加快解僵过程。解僵越快，肉的成熟越快。提高环境温度，同时采用紫外光照射，以帮助促进解僵过程，并可抑制微生物生长。另外，可采用屠宰前 2～3 小时内肌肉注射或在肉表面喷洒抗生素的方法来防止细菌的繁殖，以利于高温下的解僵过程。

2. 牛肉的人工嫩化技术

在肌肉向食肉的转化过程中，为了提高肉品的嫩度，常采用以下方式。

（1）机械处理法　包括击打、切碎、针刺、翻滚等，使肌肉内部结构发生改变，有助于肌纤维的断裂和结缔组织的韧性降低，从而提高肉品的嫩度。

①滚筒嫩化器嫩化法。这种嫩化器由两个平行滚筒组成，滚筒上装有齿片或利刀。嫩化处理时，两个滚筒反向运转，肉被拉入滚筒之间，肉通过时，表面产生一些切口，肉因此致嫩。

用滚筒嫩化器嫩化的肌肉主要用于快速腌制。

②针头嫩化器法。包括固定针头嫩化器（由变速输送器和一组凿形或枪头形利针组成）和斜形弹性针嫩化器两种。后者最大的优点是，不仅可用于去骨肌肉，而且也可用于带骨肌肉的嫩化。此种嫩化法主要用于那些既要求轻度嫩化，同时又要求保证处理后具有良好的结构和外观的肉品。如市售鲜肉的嫩化即可采用此法。

③拉伸嫩化法。利用悬挂牛的重量来拉伸肌肉，可以使嫩度增加，特别是圆腿肉、腰肉和肋条肉。传统的吊挂方式是后腿吊挂。实验证明，骨盆吊挂对肉的嫩化效果更好。

（2）电刺激法　牛屠宰后应用电刺激法可以显著改善肌肉的嫩度。通过电刺激可防止宰后肌肉冷缩，提高肌肉中溶酶体组织蛋白酶的活性及增加肌原纤维的裂解，从而使肉品的嫩度、色泽和香味等食用品质得到相应的改善。

动物屠宰死亡之后，肌肉中的糖原酵解、ATP 的消耗和 pH 值的下降都是在一段时间内逐渐进行的，并且当 ATP 全部用尽时，尸僵过程也就完成了。在这一过程完成之前，如果处理不当（迅速冷却）就会导致肉品老化。用电流脉冲经由电极通过胴体对屠宰后不久的胴体进行电刺激，则可以引起肌肉收缩，加速糖原酵解、ATP 的消耗和 pH 值下降，缩短尸僵的时间。胴体经电刺激后，一般经 5 小时左右可达尸僵，这时把肉剔下，即使迅速冷却，也不会发生冷缩；迅速冻结后再解冻时，也不会发生融僵，电刺激可大大缩短常规的冷却时间。

电刺激法简单易行，只需保持良好的电接触。使用安装时，一个电极是活动的（接胴体），另一个电极通过高架传送接地即可，两极间的电压必须是可以产生可通过胴体的脉冲电流。实际运用中，牛的胴体宜在宰后 45 分钟内，用电压为 500 伏、频率为 14.3 赫兹、脉冲时间为 10 毫秒的电流作用 2 分钟；也可采用低电压刺激法，即对牛胴体使用 90 伏电压作用 1 分钟，每秒钟可有 14 个电流脉冲通过胴体。

（3）化学物质处理法　酶处理法是用外源酶类的添加或宰前、宰后注射使肉品嫩化。在肉品嫩化上使用的酶包括 3 类：第一类是来自细菌和霉菌的酶类，如枯草杆菌蛋白酶、链霉蛋白酶、水解酶 D；第二类是来自植物的酶类，如木瓜蛋白酶、菠萝蛋白酶和无花果蛋白酶；第三类是来自动物的酶类，如胰蛋白酶等。目前在生产中使用最广泛的是第二类。各类酶对肉品作用的活性大小依次为无花果蛋白酶、菠萝蛋白酶、胰蛋白酶和木瓜蛋白酶。

不同来源的酶类对肉品的作用机制不同。细菌或霉菌的酶类作用于肌纤维蛋白；来自动物的酶类除主要作用于肌纤维蛋白外，同时对结缔组织蛋白也有一定作用；而植物的酶类则是在作用于肌纤维蛋白的同时，主要作用于结缔组织蛋白。其作用方式是，首先分裂结缔组织基质物中的粘多糖，然后逐渐将结缔组织纤维降解成为无定形的团块，使肉品得到嫩化。

酶处理人工嫩化通常是在肉品的表面喷撒粉状酶制剂或将肉品浸在酶溶液中；宰前静脉注射氧化了的酶制剂；宰后胴体僵硬前用多个针头肌肉注射酶制剂。喷撒、浸泡或肌肉注射法由于酶制剂在肉组织中分布不好，常使肉块嫩化的程度不均匀，但对老嫩不同的肉品可更严格地控制酶类和注射位置。目前生产上使用最广泛也最有效的酶处理法是宰前静脉注射。在屠宰前约 30 分钟，按动物活体重量 3.3 毫克/千克的剂量注入氧化木瓜蛋白酶。动物按常规屠宰后，肌肉开始缺氧，使氧化木瓜蛋白酶在还原性的环境中被还原到活性状态，当烹调至 50～82℃时，木瓜蛋白酶发挥作用，使各部位的肉都能均匀致嫩。

此外，宰后注射黄油、植物油、磷酸盐、食盐等均可增加嫩度。

(4) 传统嫩化方法　通常是在0~4℃陈化10~14 d，肉中的酶从溶酶体中释放出来，使肉品嫩度增加。

(六) 分割

1. 分割工艺流程

排酸后的半胴体→四分体→剔骨→七个部位肉（臀腿肉、腹部肉、腰部肉、胸部肉、肋部肉、肩颈肉、前腿肉）→十三块分割肉块。

2. 四分体的产生

由腰部第12~13肋骨间将半胴体截开即为四分体。

3. 分割要求

完成成熟的胴体，在分割间剔骨分割，按照部位的不同分割完整并做必要修整。分割加工间的温度不能高于9~11℃；分割牛肉中心冷却终温须在24小时内下降至7℃以下；分割牛肉中心冻结终温须在24小时内至少下降至-19~-18℃。

半胴体分割牛肉共分为13块，其中，高档部位的牛肉有3块：①牛柳，又叫里脊。②西冷，又叫外脊。③眼肉，一端与西冷相连，另一端在第5~6胸椎处。

(1) 里脊（tenderloin）　也称牛柳里脊肉，解剖学名为腰大肌，从腰内侧割下的带里脊头的完整净肉。分割时先剥去肾脂肪，再沿耻骨前下方把里脊剔出，然后由里脊头向里脊尾，逐个剥离腰椎横突，取下完整的里脊。

(2) 外脊（striploin）　亦称西冷或腰部肉。外脊主要为背最长肌，从第5~6腰椎处切断，沿腰背侧肌下端割下的净肉。

分割时沿最后腰椎切下，再沿眼肌腹侧壁（离眼肌 5 ~ 8 厘米）切下，在第 12 ~ 13 胸肋处切断胸椎。逐个剥离胸、腰椎。

（3）眼肉（ribeye） 为背部肉的后半部，包括颈背棘肌、半棘肌和背最长肌，沿脊椎骨背两侧 5 ~ 6 胸椎后部割下的净肉。分割时先剥离胸椎，抽出筋腱，在眼肌腹侧距离为 8 ~ 10 厘米处切下。

（4）上脑（highrib） 为背部肉的前半部，主要包括背最长肌、斜方肌等，为沿脊椎骨背两侧 5 ~ 6 胸椎前部割下的净肉。分割时剥离胸椎，去除筋腱，在眼肌腹侧距离为 6 ~ 8 厘米处切下。

（5）胸肉（brisket） 亦称胸部肉或牛胸（chest-meatchuck），主要包括胸升肌和胸横肌，为从胸骨、剑状软骨处剥下的净肉。分割时在剑状软骨处，随胸肉的自然走向剥离，修去部分脂肪即成完整的胸肉。

（6）嫩肩肉（chunktender） 主要是三角肌。分割时循眼肉横切面的前端继续向前分割，得一圆锥形肉块，即为嫩肩肉。

（7）腰肉（rump） 主要包括臀中肌、臀深肌、股阔筋膜张肌。取出臀肉、大米龙、小米龙、膝圆后，剩下的一块肉便是腰肉。

（8）臀肉（topside） 亦称臀部肉，主要包括半膜肌、内收肌和股薄肌等。分割时把大米龙、小米龙剥离后便可见到一块肉，沿其边缘分割即可得到臀肉。也可沿着被切开的盆骨外缘，再沿本肉块边缘分割。

（9）膝圆（knuckle） 亦称和尚头、琳肉，主要为股四头肌，沿股四头肌与半腱肌连接处割下的股四头肌净肉。当大米龙、小米龙、臀肉取下后，见到一长方形肉块，沿此肉块周边的自然走向分割，即可得到一块完整的膝圆肉。

（10）大米龙（qlitsideplat）　主要是股二头肌。分割时剥离小米龙后，即可完全暴露大米龙，顺肉块自然走向剥离，便可得到一块完整的四方形肉块。

（11）小米龙（eyerouncd）　主要是半腱肌。分割时取下牛后腱子，小米龙肉块处于明显位置，按自然走向剥离。

（12）腹肉（flank）　亦称肋排、肋条肉，主要包括肋间内肌、肋间外肌等。可分为无骨肋排和带骨肋排，一般包括 4～7 根肋骨。

（13）腱子肉（shin）　亦称牛展，主要是前肢肉和后肢肉，分前牛腱和后牛腱两部分。前牛腱从尺骨端下刀，剥离骨头；后牛腱从胫骨上端下刀，剥离骨头取下肉。

四、有机牛肉生产技术

有机牛肉生产按照中华人民共和国国家标准——有机产品第 I 部分——生产（GB/T 19630. 1—2011），这部分规定了农作物、畜禽等及其未加工产品的有机生产通用规范和执行要求。

（一）基本概念

（1）有机农业　遵照一定的有机农业生产标准，在生产中不采用基因工程获得的生物及其产物，不使用化学合成的农药、化肥、生长调节剂、饲料添加剂等物质，遵循自然规律和生态学原理，协调种植业和养殖业的平衡，采用一系列可持续发展的农业技术以维持持续稳定的农业生产体系的一种农业生产方式。

（2）有机产品　生产、加工、销售过程符合本部分的供人类消费、动物食用的产品。

（3）常规　生产体系及其产品未获得有机认证或未开始有

机转换认证。

(4) 转换期 从按照本部分开始管理至生产单元和产品获得有机认证之间的时段。

(5) 平行生产 在同一农场中，同时生产相同或难以区分的有机、有机转换或常规产品的情况，称之为平行生产。

(6) 缓冲带 在有机和常规地块之间有目的设置的、可明确界定的用来限制或阻挡邻近田块的禁用物质漂移的过渡区域。

(7) 投入品 在有机生产过程中采用的所有物质或材料。

(8) 养殖期 从动物出生到作为有机产品销售的时间段。

(9) 顺势治疗 一种疾病治疗体系，通过将某种物质系列稀释后使用来治疗疾病，而这种物质若未经稀释在健康动物上大量使用时能引起类似于所欲治疗疾病的症状。

(10) 基因工程技术（转基因技术） 指通过自然发生的交配与自然重组以外的方式对遗传材料进行改变的技术，包括但不限于重组脱氧核糖核酸、细胞融合、微注射与宏注射、封装、基因删除和基因加倍。

（二）有机肉牛养殖

1. 转换期

肉牛养殖场的饲料生产基地必须符合有机农场的要求，饲料生产基地的转换期为24个月。如有充分证据证明24个月以上未使用禁用物质，则转换期可缩短到12个月。饲养的肉牛经过其转换期后，其产牛肉方可作为有机牛肉出售。肉牛的转换期为12个月。

2. 平行生产

如果一个养殖场同时以有机及非有机方式养殖同一品种肉牛，则应满足下列条件，其有机养殖的肉牛或其产品才可以作为有机产品销售：①有机肉牛和非有机肉牛的圈栏、运动场地和牧场完全分开，或者有机肉牛和非有机肉牛是易于区分的品种；②贮存饲料的仓库或区域应分开并设置了明显的标记；③有机肉牛不能接触非有机饲料和禁用物质的藏区域。

3. 肉牛的引入

应引入有机肉牛。当不能得到有机肉牛时，可引入常规肉牛，但应不超过6月龄且已断乳。

每年引入的常规肉牛不能超过已认证的同种成年肉牛数量的10%。在以下情况下，经认证机构许可，比例可放宽到40%。①不可预见的严重自然灾害或人为事故；②肉牛场规模大幅度扩大；③养殖场发展新的畜禽品种。

所有引入的常规肉牛都应经过相应的转换期。可引入常规种公牛，引入后应立即按照有机方式饲养。

4. 饲料

①畜禽应以有机饲料饲养。饲料中至少应有50%来自本养殖场饲料种植基地或本地区有合作关系的有机农场。饲料生产和使用应符合有机植物生产的要求。

②在养殖场实行有机管理的前12个月内，本养殖场饲料种植基地按照本标准要求生产的饲料可以作为有机饲料饲喂本养殖场的肉牛，但不得作为有机饲料销售。饲料生产基地、牧场及草场与周围常规生产区域应设置有效的缓冲带或物理屏障，避免受到污染。

③当有机饲料短缺时，可饲喂常规饲料。但肉牛的常规饲料消费量在全年消费量中所占比例不得超过10%；出现不可预见的严重自然灾害或人为事故时，可在一定时间期限内饲喂超过以上比例的常规饲料。饲喂常规饲料应事先获得认证机构的

许可。

④应保证肉牛每天都能得到满足其基础营养需要的粗饲料。在其日粮中，粗饲料、鲜草、青干草、或者青贮饲料所占的比例不能低于60%（以干物质计）。

⑤初乳期犊牛应由母畜带养，并能吃到足量的初乳。可用同种类的有机奶喂养哺乳期犊牛。在无法获得有机奶的情况下，可以使用同种类的非有机奶。

不应早期断乳，或用代乳品喂养犊牛。在紧急情况下可使用代乳品补饲，但其中不得含有抗生素、化学合成的添加剂或动物屠宰产品。哺乳期至少需要 3 个月。

⑥在生产饲料、饲料配料、饲料添加剂时均不应使用转基因（基因工程）生物或其产品。

⑦不应使用以下方法和物质：a. 以动物及其制品饲喂肉牛；b. 未经加工或经过加工的任何形式的动物粪便；c. 经化学溶剂提取的或添加了化学合成物质的饲料，但使用水、乙醇、动植物油、醋、二氧化碳、氮或羧酸提取的除外。

⑧使用的饲料添加剂应在农业行政主管部门发布的饲料添加剂品种目录中，并批准销售的产品，同时应符合本部分的相关要求。

⑨可使用氧化镁、绿砂等天然矿物质；不能满足畜禽营养需求时，可使用人工合成的矿物质和微量元素添加剂。

⑩添加的维生素应来自发芽的粮食、鱼肝油、酿酒用酵母或其他天然物质；不能满足畜禽营养需求时，可使用人工合成的维生素。

⑪不应使用以下物质：a. 化学合成的生长促进剂（包括用于促进生长的抗生素、抗寄生虫药和激素）；b. 化学合成的调味剂和香料；c. 防腐剂（作为加工助剂时例外）；d. 化学合成的

着色剂；e. 非蛋白氮（如尿素）；f. 化学提纯氨基酸；g. 抗氧化剂；h. 黏合剂。

5. 饲养条件

①肉牛的饲养环境（圈舍、围栏等）应满足下列条件，以适应肉牛的生理和行为需要：a. 肉牛活动空间根据体重大小室内面积1.5～5 米^2、室外面积1.1～3.7 米^2 和充足的睡眠时间；肉牛运动场地可以有部分遮蔽；b. 空气流通，自然光照充足，但应避免过度的太阳照射；c. 保持适当的温度和湿度，避免受风、雨、雪等侵袭；d. 如垫料可能被肉牛啃食，则垫料应符合对饲料的要求；e. 足够的饮水和饲料，饮用水水质应达到 GB 5749 要求；f. 不使用对人或肉牛健康明显有害的建筑材料和设备；g. 避免畜禽遭到野兽的侵害。

②应使所有肉牛在适当的季节能够到户外自由运动。但以下情况可例外：a. 特殊的肉牛舍结构使得肉牛暂时无法在户外运动，但应限期改进；b. 圈养比放牧更有利于土地资源的持续利用。

③肉牛最后的育肥阶段可采取舍饲，但育肥阶段不应超过其养殖期的1/5，且最长不超过3 个月。

④不应采取使肉牛无法接触土地的笼养和完全圈养、舍饲、拴养等限制肉牛自然行为的饲养方式。

⑤肉牛不应单栏饲养，但患病的肉牛、成年公牛及妊娠后期的母牛

⑥应在政府批准的或具有资质的屠宰场进行屠宰，且应确保良好的卫生条件。

⑦应就近屠宰。除非从养殖场到屠宰场的距离太远，一般情况下运输肉牛的时间不超过8 小时。

⑧不应在肉牛失去知觉之前就进行捆绑、悬吊和屠宰。用于使肉牛在屠宰前失去知觉的工具应随时处于良好的工作状态。如因宗教或文化原因不允许在屠宰前先使肉牛失去知觉，而必须直接屠宰，则应在平和的环境下以尽可能短的时间进行。

⑨有机肉牛和常规肉牛应分开屠宰，屠宰后的产品应分开贮藏并清楚标记。用于畜体标记的颜料应符合国家的食品卫生规定。

6. 有害生物防治

有害生物防治应按照优先次序采用以下方法：a. 预防措施；b. 机械、物理和生物控制方法；c. 可在肉牛饲养场所，以对肉牛安全的方式使用国家批准使用的杀鼠剂。

7. 环境影响

（1）应充分考虑饲料生产能力、肉牛健康和对环境的影响 保证饲养的肉牛数量不超过其养殖范围的最大载畜量。应采取措施，避免过度放牧对环境产生不利影响。

（2）应保证肉牛粪便的贮存设施有足够的容量，并得到及时处理和合理利用 所有粪便储存、处理设施在设计、施工、操作时都应避免引起地下及地表水的污染。养殖场污染物的排放应符合 GB 18596 的规定。

第三节 奶牛饲养管理

一、犊牛的饲养管理

犊牛是指出生后 6 月龄以内的小牛。通常又分为哺乳期犊牛（0 ~2 月龄）和断奶后犊牛（3 ~6 月龄）。犊牛的饲养是奶牛生产的第一步，提高犊牛成活率，培养健康的犊牛群，给育成期牛的生长发育打下良好基础。加强犊牛培育是提高牛群质量、创建高产牛群的重要环节。

（一）乳用犊牛培育的目标

1. 提供良好的培育条件

犊牛培育的好坏，直接影响到成年乳牛的体型及生产性能。犊牛从其父母双亲处继承来的优秀遗传基因只有在适当的条件下才能表现出来；通过改善培育条件，才能使犊牛的良好性能得到发挥，加快奶牛育种进度，提高整个奶牛群的质量。

2. 提供营养丰富的日粮，保持良好的乳用体型

犊牛日粮营养应丰富，但不能使犊牛过胖。恰当使用优质粗料，促进犊牛消化机制的形成和消化器官的发育，锻炼犊牛的消化机能，使其成年后能适应采食大容积精粗饲料的需要。

3. 加强犊牛的护理和运动，实现全活、全壮

新生犊牛出生后对外界环境的抵抗力差，机体的免疫机能尚未形成，容易遭受呼吸道和消化道疾病的侵袭。因此，应精心护理初生犊牛，预防疾病和促进机体的防御机制的发育，减少犊牛死亡，成活率保证95%以上；适当的运动不仅有利于发育，而且有利于锻炼四肢，防止蹄病。

4. 适时断奶，减少断奶应激，保证正常生长发育

断奶后的犊牛以优质青粗饲料为主，强调控制精料量，使犊牛的体型向乳用方向发展，并适于繁殖。犊牛期的平均日增重应达到680～750克；满6月龄犊牛的体重170～180千克，胸围124 cm，体高106 cm。

(二) 新生犊牛的护理

犊牛出生后，立刻用干草或干净的抹布或毛巾清除口腔、鼻孔内的黏液，擦干身体上的黏液。并将分娩母牛与新生犊牛分开，减少应激，转入产房温室（最低温度在10℃以上），待到犊牛身上的毛全部干透以后转到犊牛笼中，减少低温对犊牛的刺激。如犊牛生后不能马上呼吸，可握住犊牛的后肢将犊牛吊挂并拍打胸部，使犊牛吐出黏液。如发生窒息，应及时进行人工呼吸，同时可配合使用刺激呼吸中枢的药物。

犊牛出生后，脐带的剪断和消毒是很重要的一步，能避免犊牛脐带炎的发生。犊牛出生后用消毒剪刀在距腹部6～8 cm处剪断脐带，将脐带中的血液和黏液向两端挤挣，用5%～10%碘酊药液浸泡2～3分钟即可，切记不要将药液灌入脐带内。从产房转出之后再次消毒。断脐不要结扎，以自然脱落为好。另外，剥去犊牛软蹄。犊牛想站立时，应帮助其站稳。

称量体重，按牛场编号规则打耳标，填写相关记录。

(三) 初乳期饲喂技术

1. 初乳及其特性

初乳是犊牛的生命的源泉。通常将母牛产后3～7 d内所产的奶叫初乳。

初乳具有很多特殊的生物学特性：①初乳的特殊功能就是能代替肠壁上黏膜的作用。初乳覆在胃肠壁上，可阻止细菌侵入血液中，提高对疾病的抵抗力。②初乳含有丰富而易消化的养分。母牛产后第1 d分泌的初乳，干物质总量较常乳多1倍以上。其中，蛋白质含量多4～5倍，乳脂肪多1倍左右，维生素A、维生素D多10倍左右，各种矿物质含量也很丰富。③初乳的酸度较高（45～50吉尔里耳度），可使胃液变成酸性，不利于有害细菌的繁殖。④初乳可以促进真胃分泌大量消化酶，使胃肠机能尽早形成。⑤初乳中含有较多的镁盐，有轻泻作用，能排出胎粪。⑥初乳中含有溶菌酶和免疫球蛋白，能抑制或杀灭多种病菌。⑦初乳中的免疫球蛋白、乳铁蛋白、免疫细胞等和其他未知促生长因子、乳源性多肽因子等，具有增强犊牛免疫功能和促进犊牛肠道生长发育的作用。

2. 饲喂初乳的时间

初生犊牛对初乳的吸收速率以出生后 0 ~6 小时为最高，其后则逐渐降低。犊牛出生后应在 0. 5 ~1 小时内给犊牛饲喂初乳。初乳灌服越早越好。尽早饲喂初乳的原因有 3 点：①母牛血液当中的抗体不能通过胎盘的屏障传递给犊牛，因而新生的犊牛缺乏对疾病的抵抗力。②初乳含有母牛在分娩前两周所分泌的高含量抗体。③完整的抗体是通过肠膜吸收的，一直持续到肠膜关闭，关闭后就不再吸收蛋白质分子。这个过程在生后很快开始下降，新生犊牛对初乳中的免疫球蛋白的吸收率和需求量在半小时内达最大值，而后逐渐降低。为保护新生犊牛免受疾病的感染，血液中的抗体浓度至少应为 10 毫克/毫升。据资料表明，饲喂时间和饲喂量对犊牛的死亡率与血液中的抗体浓度关系十分重要。在刚出生和出生后 12 小时内饲喂 2 千克初乳，才能供小牛获得足够的抗体，若初乳少于 2 千克或第一次饲喂延迟，血液中抗体含量就会短缺（ <10 毫克/毫升血清），犊牛血清中的大部分抗体来自第一次初乳。初生犊牛出生后约 12 小时开始“肠闭合”进程，抗体的吸收和比例下降，至生后 24 小时左右基本完成“肠闭合”，此时饲喂的初乳几乎没有抗体被吸收。所以不管初乳饲喂量多少，延迟饲喂初乳都会影响抗体的吸收。

出生后通过小肠吸收初乳的免疫物质是新生犊牛获得被动免疫的唯一来源。喂初乳过迟，初乳喂量不足，甚至完全不喂初乳，犊牛都会因免疫力不足而发生疾病，增重缓慢，死亡率升高。饲养实践证明，从出生到断奶期间犊牛的死亡主要源于出生后第一天没有获得足够的母源抗体。新生犊牛被动免疫失败，死亡率超过50%，而且幸存者的健康状况和生产性能也受到永久的损害。

3. 初乳饲喂方法

（1）初乳的选择　在饲料喂前使用初乳质量检测仪测定初乳质量、比重、免疫球蛋白质量，初乳测定仪上标有绿色、黄色和红色刻度，按照初乳测定仪悬浮在初乳中的水平面，表示初乳中免疫蛋白的含量，绿色为最佳（母源抗体浓度>50 毫克/毫升），黄色尚可（母源抗体浓度为 20 ~ 50 毫克/毫升），而红色最差（母源抗体浓度<20 毫克/毫升）。

坚持饲喂优质合格初乳（免疫球蛋白含量>50 毫克/毫升），带血、乳房炎牛的初乳不能用。一般情况下经产牛初乳的质量高于头胎牛在没有初乳测定仪的情况下，一般选择使用经产牛初乳饲喂犊牛。有测定仪则选择优质初乳饲喂，不分经产牛还是头胎牛。合格新鲜初乳其免疫球蛋白保持生物活性的时间随储存温度的不同而长短相异。优质初乳可在 -20℃下保存 1 年，4℃保存 7 d，20℃保存 2 d。产下公犊的母牛第一次挤下的初乳，装入 4 千克的初乳袋，贴好标签，标记采集日期、母牛编号以及测量质量，进行速冻保存，备用。但注意冻乳不能反复地冷冻解冻。

另据报道，与饲喂未经巴氏灭菌初乳相比，饲喂巴氏灭菌初乳 24 小时血清 IgG 水平提高 25%，吸收率提高 28%。需要说明的是，对初乳做巴氏灭菌采取与全乳相同的方法是行不通的。宾夕法尼亚州立大学有关大量初乳的一项研究表明，对初乳加热至60℃并持续30分钟可以在避免IgG黏度影响与减少细菌数之间达到最佳理想平衡。此外，明尼苏达大学的另一项研究表明，如果初乳中致病微生物水平升高，那么采用60℃持续加热60分钟的巴氏灭菌法可以确保杀灭有害菌。当然，IgG在这一过程中会有少量损失。

（2）初乳的饲喂　目前，在规模化奶牛场多采用犊牛初乳灌服技术，采用专用犊牛初乳灌服器（图2－1）直接将初乳灌入真胃，应避免灌入肺中。在犊牛出生后，0.5～1小时内给犊牛灌服母牛第一次挤下的初乳4千克（1千克初乳/10千克体重），生后12小时内再饲喂2千克。停喂12～18小时，结束初乳灌服程序。初乳灌服完毕后使犊牛于犊牛笼内保持静卧2小时以上，避免翻动，让其充分吸收。此法操作简单，安全可靠，使犊牛获得大量的优质初乳，为犊牛提供高水平的被动免疫、重要的能量来源和生长因子，提高犊牛成活率，促进生长。灌服器用后要立即清洗晾干，用前要消毒清洗。

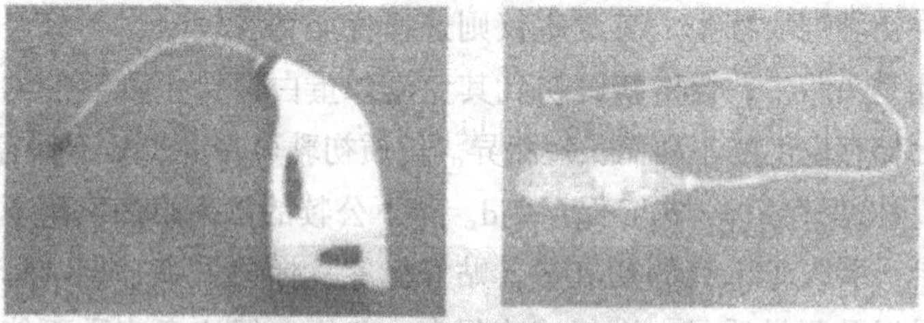

图2－1　犊牛初乳灌服器

在没用犊牛初乳灌服器的奶牛场，也可实行出生0.5小时以内喂2千克，出生6小时再喂2千克，12小时时再喂2千克，这种喂法也保证了在12小时内喂了6千克，但灌服法有利于提高犊牛小肠吸收母源抗体的吸收。

使用冷冻初乳喂犊牛时，将冻存初乳容器放在4℃冷藏箱中慢慢解冻；或将其置于50℃水浴解冻，待初乳融化温度达到37～39℃时饲喂，过高温度会破坏初乳中的免疫球蛋白。

初乳最好即挤即喂，以保持乳温，适宜的初乳温度为38℃±1℃。如果饲喂冷冻保存的初乳或已经降温的初乳，应加热到38℃左右再饲喂。初乳的温度过低会引起犊牛胃肠消化机能紊乱，导致腹泻。初乳加热最好采用水浴加热，加热温度不能过高，过高的初乳温度除会使初乳中的免疫球蛋白变性失去作用外，还容易使犊牛患口腔炎、胃肠炎。犊牛每次哺乳1～2小时后应给予35～38℃的温开水一次，防止犊牛因渴饮尿而发病。

第二天转入喂混合初乳，日喂3～4次，每日喂量一般不超过体重的8%～10%，饲喂4～5 d，然后逐步改为饲喂常乳。

犊牛采用母牛与犊牛分开的人工哺乳法。人工哺乳法多哺乳壶哺乳法。人工喃乳法主要有两种：桶式哺乳法和哺乳壶哺乳法。

①哺乳壶哺乳法。要求奶嘴质量要好，固定结实，防止犊牛撕破或扯下，哺乳时要尽量让犊牛自己吮吸，避免强灌（图2－2）。

②桶式哺乳法（图2－3）。采用奶桶哺乳时奶桶应固定结实，第一次饲喂时通常一手持桶，用另一手食指和中指（预先清洗干净）蘸乳放入犊牛口中使其吮吸，慢慢抬高桶使犊牛嘴紧贴牛乳吮吸，习惯后将手指从犊牛口中拔出，犊牛即会自行吮吸，如果不行可重复数次，直至犊牛可自行吮吸为止。

检查犊牛的血清蛋白水平可正确评估牛场初乳饲喂方案的

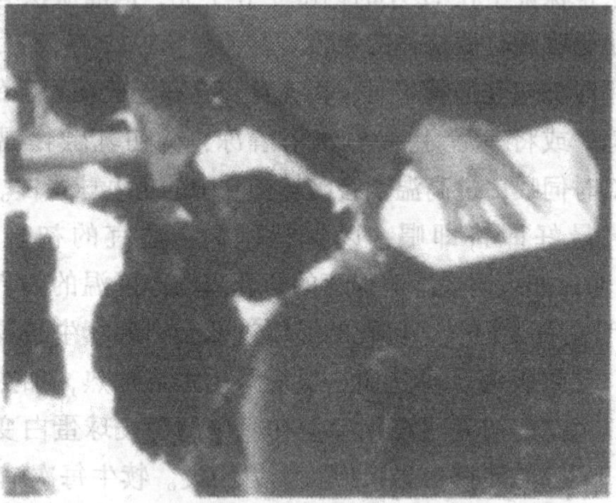

图2-2 犊牛哺乳壶哺乳法

图2-3 犊牛桶式哺乳法

成效。总蛋白含量的目标水平为55克/升。2~10日龄犊牛血清蛋白水平低于该值，则表明被动免疫传递失败。犊牛出现被动免疫失败的比例应该低于20%，若高于20%，应尽快调整初乳饲喂计划，保证犊牛摄入足量优质初乳。

（四）常乳期犊牛的饲养

初乳期结束到断奶称为常乳期。这一阶段是犊牛体尺体重增长及胃肠道发育最快的时期，尤以瘤网胃的发育最为迅速，此阶段的饲养是由真胃消化向复胃消化转化、由饲喂奶品向饲喂草料过渡的一个重要时期。此阶段犊牛的可塑性很大，是培养优秀奶牛的最关键时刻。

1. 哺乳管理

（1）哺乳原则　犊牛经过5～7 d的初乳期后，即可开始饲喂常乳，从10～15 d开始，可由母乳改喂混合乳。初乳、常乳、混合乳的变更应注意逐渐过渡（4～5 d），以免造成消化不良，食欲不振。同时做到定质、定量、定温、定时饲喂。

定质是指乳汁的质量，为保证犊牛健康，最忌喂给劣质或变质的乳汁，如母牛产后患乳房炎，其犊牛可喂给产犊时间基本相同的健康母牛的乳汁。

定量是指按饲养方案标准合理投喂食物，1～2周龄犊牛，每天喂奶量为体重的1/10；3～4周龄犊牛，每天喂奶量可为其体重的1/8；5～6周龄为1/9；7周龄以后为1/10或逐渐断奶。

定温指饲喂乳汁的温度。出生后头几周控制牛奶的温度十分重要。奶温应保持恒定，不能忽冷忽热。冷牛奶比热牛奶更易引起消化紊乱。加热温度太高，初乳会出现凝固变质，同时高温饮食可使犊牛消化道黏膜充血发炎。故应采用水浴加热。饲喂乳汁的温度，一般夏天掌握在36～38℃；冬天38～40℃。出生后的第一周，所喂牛奶的温度必须与体温相近（39℃），但是对稍大些的小牛所喂牛奶的温度可低于体温（25～30℃）。

定时指两次饲喂之间的间隔时间，一般间隔 8 小时左右，每天最好饲喂两次相等量的牛奶，每次饲喂量占体重的 4% ~ 5%。如饲喂间隔时间太长，下次喂奶时容易发生暴饮，从而将闭合不全的食管沟挤开，使乳汁进入尚未发育完善的瘤胃而引起异常发酵，导致腹泻。但间隔时间过短，如在喂奶 6 小时之内犊牛又吃奶，则形成的新乳块就会包在未消化完的旧乳块残骸外面，容易引起消化不良。如将犊牛每天所需的牛奶量一次喂给，饲喂量就会超过犊牛真胃的容积，多余的牛奶就会反流到瘤胃中并造成消化紊乱（例如臌气）。

全奶因可能含有有害菌，建议使用巴氏法消毒后饲喂。也有专家建议用紫外线消毒，可以避免营养物质的损失。

(2) 哺乳方法　可采用哺乳壶哺乳法。

目前，在欧洲地区及韩国、日本正在使用“21 日龄自动喂乳设施（哺育机）”——犊牛饲喂站饲养。每天把代乳粉根据一定比例倒入自动饲喂器，每头犊牛的脖子上都配有一个自动喂奶识别系统，可以每头犊牛每天喂 7.5 千克。一个犊牛饲喂站可同时饲喂 120 头犊牛，56 ~ 60 日龄断奶。

(3) 经常用以哺乳犊牛的牛奶及其他液体饲料

①全奶。初乳期后可一直饲喂全奶，直至断奶。一定量的全奶配合优质的犊牛料是犊牛最佳的日粮。采用这一日粮所获得的犊牛增长情况常被作为标准来评估其他哺乳方案的优劣。全奶配合优质精饲料是饲喂犊牛的最好方式。目前，在部分奶牛场采用巴氏消毒奶饲喂犊牛，以减少犊牛疾病的发生。

②发酵初乳。发酵初乳是很好的补给母牛初乳量不足的好办法。通常采用自然发酵法。把喂给犊牛剩余的新鲜初乳（可以把几头母牛的初乳混在一起）过滤后倒入塑料大桶内，盖上桶盖，放在没有阳光直射的室内，任其自然发酵。每日用木棒

搅拌 1 ~2 次，并及时盖好。室温 10 ~15℃，经 5 ~7 d 即可发酵好。温度越高，发酵时间越短：15 ~20℃，需 3 ~4 d；20 ~25℃，需 2 d；25 ~30℃，需 1 d；30℃以上，只需 12 小时。发酵好的初乳，呈微黄色，有芳香酸味，均匀稠密，上部为凝块，形同豆腐脑或呈絮状，下部有时有分离出的乳清，用石蕊试纸测定 PH 4 ~5 为佳。用发酵初乳喂犊牛时，应先搅拌均匀，取出所需数量的发酵初乳，用热开水按 1：1 或 2：1 的乳水比进行稀释，把温度调至 38℃左右即可饲喂。饲喂前还可以在发酵牛奶中加一些碳酸氢钠来中和牛奶中的酸并促进犊牛进食。发酵牛奶的卫生要求严格控制，只能让乳酸菌生长。如果卫生标准达不到，造成其他杂菌生长有可能破坏牛奶中的营养成分。

③患乳房炎母牛所产的牛奶。只要饲喂后 30 分钟内不让小牛彼此接触，患乳房炎母牛或处于乳房炎治疗期间的母牛所产的牛奶可用于饲喂小牛。这一措施有助于防止腹泻病菌（大肠杆菌）或肺炎病菌（巴氏杆菌）以及其他传染病微生物在小牛之间的传播。不要给饲养在群体圈舍中的犊牛饲喂废弃牛奶。一些调查显示，那些群体饲养的犊牛喝完废弃牛奶后会互相吮吸，这样可能导致犊牛间互相传染病原体。经过巴氏杀菌法的处理能够减少废弃牛奶中微生物的含量，但是巴氏杀菌法处理并不能达到无菌，而对于大部分废弃牛奶存在的抗生素污染问题，巴氏杀菌法无能为力。不能将带 BVD（牛病毒性腹泻）病毒和肺结核的奶牛的牛奶饲喂犊牛。不要将感染大肠埃希氏菌和巴氏杆菌的母牛的牛奶喂给犊牛。这些细菌会通过牛奶垂直传播给犊牛，感染犊牛的肠道，引发疾病。

处于乳房炎治疗期间母牛所产的牛奶可能含有大量可引起健康问题的致病细菌。此外，饲喂残留有抗生素的牛奶可导致产生耐药性细菌。从长远来讲，饲喂这类牛奶将降低以后的抗生素治疗效果。

④脱脂牛奶。新鲜的脱脂牛奶是3周龄以上犊牛的极好的液体食物。由于脱去奶中脂肪，脱脂奶与全奶相比，蛋白质含量相对升高，但能量（只是全奶的50%）和脂溶性维生素（维生素A和维生素D）含量低。只有当犊牛开始采食大量精饲料时才能给犊牛喂脱脂奶。由于脂脱牛奶中缺乏能量和脂溶性维生素；开食料中应当添加这两种营养成分。应当尽可能避免在严冬季节给犊牛喂脱脂奶，因为严冬季节犊牛需要更多的能量御寒。脱脂奶是高度稀释的奶，含水量很高；应当根据其特点适当调节饲喂量。脱脂奶粉加水溶解后也可以用来饲喂犊牛。可按1份脱脂奶粉（100克）加9份水（900克）的比例溶解。

⑤代乳粉。出生后4~6 d即可用代乳粉哺乳犊牛。通常代乳粉的含脂量低于全奶（以干物质计），因而其所含能量较低(75%~80%)。饲喂代乳料的小牛通常比饲喂全奶的小牛日增重稍低。给犊牛饲喂代乳粉比饲喂全乳更能降低成本，同时也能减少疾病的传播。

代乳粉的营养成分应与全奶相近。乳清蛋白、浓缩的鱼蛋白，或大白蛋白可作为代乳料中的蛋白成分。但某些产品如大豆粉、单细胞蛋白质以及可溶性蒸馏物（淀粉发酵蒸馏过程的副产品）不适宜作为代乳料的蛋白质成分，因为它们不易被小牛吸收。当使用代乳粉时，应严格按照产品的使用说明正确稀释。大多数干粉状代乳料可按1∶7稀释（一份代乳料加7份水）以达到与全奶相似的固体浓度。

2. 犊牛的断奶

断奶应在犊牛生长良好并至少摄入相当于其体重1%的犊牛料时进行，较小或体弱的犊牛应继续饲喂牛奶。根据月龄、体重、精料采食量和气候条件确定断奶的时间。目前国外多在8周龄断奶，我国的奶牛场多在2~3月龄断奶。在断奶前的半个月，逐渐增加精饲料和粗饲料的饲喂量，每天喂奶的次数由3次变为2次，开始断奶时由2次逐渐改为1次，然后再隔1日或2日喂奶一次，视犊牛体况而定。直至犊牛连续3日可采食精料量达1千克后方可断奶。一般按出生重的10%进行饲喂。断奶后，犊牛继续留在犊牛栏饲喂1~2周，减少环境变化应激。断奶后，继续饲喂同样犊牛料和优质干草，减少饲料变化应激。防疫注射应当在断奶前一周完成。断奶后，犊牛料采食量应在1周内加倍，最高不要超过2千克/（头·天）。断奶转群后，应当以小群饲养（7~10头），给予换料过渡期。保证充足饮水。

（五）断奶犊牛（断切至6月龄）的饲养

断奶后，犊牛继续饲喂断奶前的精、粗饲料，逐渐增加精料喂量，3~4月龄时增至每天1.5~2千克，粗料差时可提高至2.5千克左右。选择优质干草、苜蓿，少喂青贮和多汁料。4~6月龄，改为育成牛精饲料。要兼顾营养和瘤胃发育的需要，调整精粗料比例。3~6月龄犊牛的日粮粗饲料比例一般应为40%~80%，并保持中性洗涤纤维不低于30%。断奶犊牛精饲料参考配方：玉米50%~55%，豆粕（饼）30%~35%，麸皮5%~10%，饲用酵母3%~5%，碳酸氢钙1%~2%，食盐1%。此阶段母犊生长速度以日增重650克以上、4月龄体重110千克、6月龄体重170千克以上比较理想。

（六）犊牛的管理

1. 犊牛栏（岛）

哺乳犊牛最适宜温度为12~15℃，最低3~6℃，最高为25~27℃。刚出生时对疾病没有任何抵抗力，应放在干燥、避风处，保持良好的卫生环境，不直接接触其他动物，采取单栏内饲养，以降低发病率。犊牛栏的通风要良好，忌贼风，栏内要干燥、忌潮湿，阳光充足。冬季注意保温，夏季要有降温设施。犊牛栏应要保证每天清洗、消毒，经常打扫。犊牛垫料要吸湿性良好，隔热保温能力强，厚度10～15 cm，并做到及时更换垫草，保持干燥。沙子保温性能较差，不适合小犊牛。一旦犊牛被转移到其他地方，牛栏必须清洁消毒。放入下一头犊牛之前，此牛栏应放空至少3～4周。

犊牛期要有一定的运动量，从10～15日龄起应该有一定面积的活动场地（2～3 m^2）。在寒冷地区，可在相对封闭的牛舍内建造单栏进行培育。在气候较温和的地区和季节，可采用露天单笼培育。

犊牛栏的建议尺寸：宽1～1.2 m，长2.2～2.4 m，高1.2～1.4 m。位置坐北向南，要排水良好。舍外设置围栏，作为犊牛运动场，每头犊牛占用面积为5 m^2。国外常用塑料或玻璃钢（玻璃纤维）一次压制成型的犊牛栏，目前在国内已有生产。

2. 饲养模式

犊牛的饲养模式有以下3种。一是犊牛出生直至断奶后10 d，采取单栏饲养，并注意观察犊牛的精神状况和采食量。二是初乳期实行单栏饲养，之后采取群栏饲养的做法，比较节省劳力，但疾病传播的机会增加。三是出生到1月龄采取单栏饲养，1月龄后群饲，并根据月龄和体重相近的原则分群，每群10～15头，避免个体差异太大造成采食不均。

3. 卫生及健康

哺乳用具在每次使用后必须用清水清洗干净、每天用消毒水（次氯酸钠）漂洗1次，倒置于通风口晾干。每头牛有一个固定奶嘴和毛巾，哺乳后应擦干嘴部的残留牛奶，防止犊牛舔食，形成恶癖。如用同一奶瓶饲喂几头小牛，应首先饲喂最年幼的犊牛然后再饲喂年长些的犊牛。

食欲缺乏是不健康的第一征兆。一旦发现小牛有患病征兆（如食欲缺乏、虚弱、精神委顿等）就应立即隔离并测量体温。

牛体要经常刷拭（严防冬春季节体虱、疥癣的传播），保持一定时间的日光浴。

4. 去掉副乳头

20%～40%的新生母犊乳房常伴有副乳头，比正常乳小，多位于乳房后部，一般无腺体及乳头管，有的能分泌少量乳汁，副乳头不但妨碍乳房清洗，还容易引起乳房炎并且影响将来的挤奶。一般在2～6周龄时剪去已被确诊的副乳头。清洗消毒副乳头周围，轻拉副乳头，用锋利的弯剪或刀片从乳头和乳房接触的部位切下乳头，用7%碘酒消毒。

5. 去角

大多数情况下应为犊牛做去角手术。带角的奶牛可对其他奶牛或工作人员造成伤害。去角应在断奶前施行以避免断奶期间的额外应激。一般当牛角刚刚长出并能触摸到时（15～20日龄）即可做去角手术。常用的方法是电烙去角：将电烙去角器通电升温至480～540℃，然后将去角器置于角茎处大约10秒即可。第一次施行去角手术的奶牛饲养员或技术员应寻求适当的程序指导或按使用说明操作。技术不熟练可引起应激并增加伤害犊牛或技术人员的危险性。

6. 断奶犊牛的管理

犊牛断奶后，要分群饲养。合理分群方便管理，避免个体差异太大造成采食不均。月龄和体重相近的分为一群，每群10～15头。

7. 加强运动

天气晴朗时，可让出生后7～10 d的犊牛到运动场上自由运动半小时；1月龄时运动1小时左右（必要时适当进行驱赶运动）；以后随年龄的增大，逐渐延长运动时间。酷热的天气，午间应避免太阳直接暴晒，并注意降温，以免中暑。

8. 称量体重和转群

做好文档管理工作记录犊牛编号（耳标）、填写系谱、个体拍照或绘图。按照规定进行体尺测量、线性评定等工作。

犊牛应每月称量一次体重并做好记录。根据体尺测定结果判断日粮的合理性，及时调整。研究认为，体高比体重对后备母牛初次产奶量的影响更大。荷斯坦母犊3月龄的理想体高为92 cm、体况评分2.2以上，6月龄的理想体高为102～105 cm，胸围124 cm，体况评分2.3以上，体重170千克左右。

6月龄后转入育成牛群。做好选育方案，制订选留称准。

二、育成牛的饲养管理与初次配种

育成牛是指7月龄到配种前的母牛。育成期是母牛体尺和体重快速增加的时期。饲养管理不当会导致母牛体躯狭浅，四肢细高，达不到培育的预期要求，从而影响以后的泌乳和利用年限。育成期良好的饲养管理可以部分补偿犊牛期受到的生长抑制，因此，从体型、泌乳和适应性的培育来讲，应高度重视育成期母牛的饲养管理。

(一) 育成牛的生长发育特点

1. 瘤胃发育迅速

随着年龄的增长，瘤胃功能日趋完善，7~12月龄的育成牛瘤胃容量大增，利用青粗饲料能力明显提高，12月龄左右接近成年水平。正确的饲养方法有助于瘤胃功能的完善。

2. 生长发育快

此阶段是牛的骨骼、肌肉发育最快时期，7~8月龄以骨骼发育为中心，7~12月龄期间是增长强度最快阶段，生产实践中必须利用好这一特点。如前期生长受阻，在这一阶段加强饲养，可以得到部分补偿。

3. 体型变化大

6~24月龄如以鬐甲高度增长为100，则尻高增长为99%，体长为126%，胸宽和胸深为138%，腰宽为164%，坐骨宽为200%，这样的比例是发育正常的标志。科学的饲养管理有助于塑造乳用性能良好的体型。

4. 生殖机能变化大

一般情况下9~12月龄的育成牛，体重达到250千克、体长113 cm以上时可出现首次发情。10~12月龄性成熟。13~14月龄的育成牛正是进入体成熟的时期，生殖器官和卵巢的内分泌、功能更趋健全，发育正常者体重可达成年牛的60%~70%。

(二) 育成母牛饲养管理

1. 育成母牛的饲养

7月龄到初次配种的育成牛的日粮粗饲料比例一般应为50%~90%，具体比例视粗饲料质量而定。如果低质粗料用量过多，可能导致瘤网胃过度发育而营养不足，体格发育不好“肚大、体矮”，成年时多数为“短身牛”。若用低质粗饲料饲喂年龄稍大些的育成牛，日粮配方中应补充足够量的精饲料和矿物质。精饲料中所含粗蛋白比例取决于粗饲料的粗蛋白含量。一般来讲，用来饲喂育成牛的精料混合料的粗蛋白含量达16%基本可以满足需要。控制饲料中能量饲料含量，能量过高，母牛过肥，乳腺脂肪堆积，乳腺细胞减少20%以上，影响乳腺发育和日后泌乳。

为育成牛提供全天可自由采食的日粮，最少也要有自由采食的粗饲料。全天空槽时间最好不要超过3小时。育成牛采食大量粗饲料，必须供应充足的饮水。

2. 育成母牛的管理

（1）分群　定期整理牛群，防止大小牛混群，造成强者欺负弱者，出现僵牛。母牛分群饲养，7~12月龄牛为一个群，14~15月龄初配的为另一群。

（2）运动　育成牛正处于生长发育的旺盛阶段，要特别注意充分运动，以锻炼和增强牛的体质，保证健康。现有拴系方法影响发育。采用散养方式，运动时间比较充足，户外运动使其体壮胸阔，心肺发达，食欲旺盛。如果精料过多而运动不足，容易发胖，体短肉厚个子小，早熟早衰，利用年限短，产奶量低。

在舍饲条件下，每天应至少有2小时以上的运动。冬季和雨季晴天时要尽量外出自由运动，不仅可增强体质，还可使牛接受日光照射，使皮下脱氢胆固醇转化为维生素D_3，进而促进钙、磷的有效吸收和沉积，以利于母牛的骨骼生长。

（3）刷拭与修蹄　对犊牛全身进行刷拭，一是可促进皮肤血液循环，有益犊牛健康和皮肤发育；二是可保持体表干净，减少体内外寄生虫病；三是可以培养母牛温驯的性格。刷拭时可用软毛刷，必要时辅以硬质刷子，但用劲宜轻，以免损伤皮肤。每天刷拭 1 ~ 2 次，每次不少于 5 分钟。育成牛生长速度快，蹄质较软，易磨损。从 10 月龄开始，每年春、秋季节应各修蹄一次。

（4）乳房按摩　热敷乳房可促进育成母牛乳腺的发育和产后泌乳量的提高。12 月龄以后的育成牛每天即可按摩一次乳房，用热毛巾轻轻揉擦，避免用力过猛。

（5）称重、测量体尺　每月称重，并测量 12 月龄、15 月龄、16 月龄体尺。生长发育评估若发现异常，应立即查明原因，采取措施。

三、初孕牛的饲养管理

头胎牛初产体重与第一泌乳期产奶量在一定范围内呈正相关。有试验表明，产后体重 560 千克左右较 400 千克的产奶量增加近 800 千克。但是，体重再增加奶量增加幅度不大，体重大于 650 千克，奶量反而减少。避免初产分娩时体重过小，否则难产的频率增加、胎衣不下的频率增加和产奶量低下。因此，初孕牛的饲养目标是：头胎牛的最佳产犊年龄为 23 ~ 24 月龄，产后体重 544 ~ 567 千克，体高 132 ~ 140 cm，体斜长不低于 145 cm，胸围不低于 180 cm。初产月龄每延迟 1 个月，育成费用增加约 550 元、产奶量损失 1 800千克。

（一）初孕牛的特点

一般情况下，15 ~ 16 月龄出生发育正常的母牛，已配种怀孕，到 18 ~ 19 月龄时已进入妊娠中期，但此时母牛和胎儿所需养分增加不多，可按一般水平饲喂，而到产犊前 2 ~3 个月（22 ~25 月龄），胎儿发育较快，子宫体和妊娠产物（羊水、尿水等）增加，乳腺细胞也开始迅速发育，在此期间每日每头牛增重 700 ~800 克，高的可达 1 000克。

（二）孕牛的饲养

初产母牛由于自身还处于生长发育阶段，除考虑胎儿生长需要外，还应考虑其自身生长发育的所需的营养。但是，初孕牛体况不得过肥，视其原来膘情确定日增重，肋骨较明显的为中等膘，日增重可按 1 000克饲喂。一般认为，以看不到肋骨较为理想，分娩前理想的体况评分为 3. 5。保证优质干草的供应，喂量达到体重的 1% ~1. 5%。严禁饲喂冰冻、霉烂变质饲料和酸性过大的饲料。

怀孕前 2 个月是胚胎发育的关键时期，如果营养不良或某些养分缺乏，会造成子宫乳分泌不足，影响胎儿着床和发育，导致胚胎死亡或先天性发育畸形，因此，要保证饲料质量高，营养成分均衡，尤其是要保证能量、蛋白质、矿物元素和维生素 A、维生素 D、维生素 E 的供给。遵循优质青粗饲料为主，精饲料为辅的原则，确保日粮营养全面。

妊娠期最后两个月胎儿的增重占到胎儿总重量的 75% 以上，需要母体供给大量的营养，精饲料供给量应逐渐加大。母体也需要贮存一定的营养物质，使母牛有一定的妊娠期增重，以保证产后正常泌乳和发情。除优质青粗饲料以外，混合精料每天不应少于 2 ~3 千克。从预分娩前 10 ~14 d，开始增加精料（应饲喂分娩后要采用的基础精饲料），精料的饲喂量每日递增 0. 5 千克，逐渐增加至分娩前日饲喂量为 4 ~6 千克，精料的粗蛋白质水平配制为 15% ~16%。但要特别注意，从预分娩前 20 d，采用低钙日粮，即日粮钙含量调节到低于饲养标准的20%，传送动用骨骼钙的信号，有利于防止产后瘫痪。

精料配方组成（%）：①玉米46，豆饼16.5，麸皮33，石粉2.5，食盐2。②玉米48，豆饼23，麸皮26，碳酸钙0.5，磷酸氢钙1.7，食盐0.5，添加剂0.3。③玉米51，麸皮25，花生粕10，棉籽粕5，豆粕5，磷酸氢钙2，小苏打1，预混料1。

（三）初孕牛的管理

荷斯坦牛的平均妊娠期为280 d，初产牛平均为276 d。预产期=（配种月-3）+（配种日+6），从预定分娩日前10 d开始应加强监视。

初孕牛单独分群，分娩前2个月的初孕母牛应转入干奶牛群进行饲养。初次怀胎的母牛，未必像经产母牛那样温顺，因此管理上必须非常耐心，并经常通过刷拭、按摩等与牛接触，使牛养成温顺的习性，并习惯于人的操作，适应产后管理。如需修蹄，应在妊娠5～6个月前进行。保持牛舍、运动场卫生、供给充足饮水。从开始配种起，每天上槽后按摩乳房1～2分钟，促进乳房的生长发育；妊娠后期初孕母牛的乳腺组织处于快速发育阶段，应增加每日乳房按摩的次数，一般每天2次，每次5分钟，至产前半个月停止。按摩乳房时要注意不要擦拭乳头。乳头的周围有蜡状保护物，如果擦掉有可能导致乳头龟裂，严重的可能擦掉“乳头塞”，这会使病原菌侵入乳头，造成乳房炎或产后乳头坏死。同时，还要防止机械性流产或早产，在牛群通过较窄的通道时，不要驱赶过快，防止互相挤撞，冬季要防止在冰冻的地面或冰上滑倒，也不要喂给母牛冰冻的饲料或饮冰水。严禁打牛、踢牛，做到人牛亲和，人牛协调。运动可持续到分娩以前，运动量要加大，每日1～2小时，可防止难产，保持牛的体质健康。分娩前1周放入产房进行单独饲养。初产母牛难产率较高，要提前准备齐全助产器械，洗净消毒，做好助产和接产准备。

四、干奶牛的饲养管理

进入妊娠后期，停止挤奶到产犊前15 d，称为干奶期。干奶期是奶牛饲养的一个重要环节。干乳方法的好坏、干乳期的长短以及干乳期规范化的饲养管理对于胎儿的发育、母牛健康以及下一个泌乳期的产奶量有着直接的关系。

（一）干奶期的作用

1. 有利于胚胎的发育

在妊娠后期，胎儿增重加大，需要较多营养供胎儿发育，实行干乳期停乳有利于胚胎的发育，为生产出健壮的牛犊做准备。

2. 使乳腺组织得到更新

泌乳母牛由于长期泌乳，乳腺上皮细胞数减少，进入干奶期时，旧的腺细胞萎缩，临近产犊时新的乳腺细胞重新形成，且数量增加，从而使乳腺得以修复、增殖、更新，为下一个泌乳周期的泌乳活动打下基础，可以提高下一泌乳期的产奶量。

3. 有利于母牛体质的恢复

可补偿母牛长期泌乳而造成的体内养分的损失（特别是有些母牛在泌乳期营养为负平衡），恢复牛体健康，使母牛怀孕后期得以充分休息。但不能把干乳期母牛喂得过肥。

（二）干乳期的时间

干乳期的时间根据母牛的年龄、体况、泌乳性能而定。一般是45~75 d，平均为50~60 d，凡初胎或早配母牛、体弱及老龄母牛、高产母牛（年产乳6 000~7 000千克以上）以及饲养条件较差的母牛，需要较长的干乳期（60~75 d）。而体质强壮、产乳量较低、营养状况较好的壮龄母牛，则干乳期缩短为45 d。生产实践证明，干乳期少于35 d会影响下一个泌乳期的产奶量，过短的干乳期不利于乳腺上皮细胞的更新或再生。在早产、死胎的情况下，缺少或缩短干乳期同样会降低下一期的泌乳量，例如，在早产时泌乳量仅是正常乳量的8成。

奶牛的干奶期可分为三个阶段：第一阶段（干奶的最初10 d），奶牛乳腺开始从泌乳状态转入停乳状态。在营养上，通常对饲料中的能量和蛋白质限饲几天，以帮助高产牛停止泌乳。第二阶段（持续约1个月）是胎犊牛快速生长、发育，母牛身体组织再生、复壮的时期。在此期间，提供含饲草量高的平衡饲料是重要的。第三阶段（产前的3周），代谢上母牛正为分娩、泌乳做准备，临产时开始生产初乳。

（三）干奶的方法

干奶时不能患乳房炎，如有乳房炎需治愈后再干奶。干奶的方法一般可分为逐渐干奶法、快速干奶法和骤然干奶法3种。

1. 逐渐干奶法

逐渐干奶法一般需要10~15 d时间。从干奶的第1 d开始，逐渐减少精料喂量，停喂多汁料和糟渣料，多喂干草，同时改变饲喂时间，控制饮水量，加强运动；打乱奶牛生活泌乳规律，变更挤奶时间，逐渐减少挤奶次数，停止运动和乳房按摩，改日3次为2次，2次为1次乃至隔日挤奶，此时，每次挤奶应完全挤净，到最后一次挤2~3千克奶时挤净，然后用2瓶普通青霉素+2瓶链霉素+40毫升蒸馏水，溶解后注射，分别注入四个乳区，向四个乳头注入红霉素（或金霉素）眼膏封闭乳头管，最后用火棉胶涂抹于乳头孔处封闭乳头孔，以减少感染机会。以后随时注意乳房情况。

2. 快速干奶法

快速干奶是在4～7 d内停奶。一般多用于中低产奶牛。快速干奶法的具体做法是从干奶的第1 d开始，适当减少精料，停喂青绿多汁饲料，控制饮水量，减少挤奶的次数和打乱挤奶时间。开始干奶的第1 d由日挤奶3次改为日挤奶1次，第2 d挤1次，以后隔日挤1次。由于上述操作会使奶牛的生活规律发生突然变化，使产奶量显著下降，一般经5～7 d后，日产奶量下降到8～10千克以下时，就可以停止挤奶。最后1次挤奶应将奶完全挤净，然后用杀菌液蘸洗乳头，封闭乳头方法同“逐渐干奶法”。乳头经封口后即不再动乳房，即使洗刷时也防止触摸它，但应经常注意乳房的变化。

3. 骤然干奶法

在奶牛干奶日突然停止挤奶，乳房内存留的乳汁经4～10 d可以吸收完全。对于产奶量过高的奶牛，待突然停奶后7 d再挤奶1次，但挤奶前不按摩，同时注入抑菌的药物（干奶膏），将乳头封闭，方法同“逐渐干奶法”。

三种方法比较：逐渐干奶法一般用于高产奶牛以及有乳房炎病史的牛。快速干奶法和骤然干奶法现在应用较多，因为这两种方法干奶所需要时间较短，省工省时，并且对牛体健康和胎儿发育影响较小，乳房承受的压力大，有乳腺炎病史的牛不宜采用；因此，需要工作人员大胆细心，责任心强，才能保证奶牛的健康。在停止挤奶后3～4 d，要随时注意乳房变化。乳房最初可能会继续肿胀，只要乳房不出现红肿、疼痛、发热和发亮等不良现象就不必管它。经3~5 d后，乳房内积存的奶即会逐渐被吸收，约10 d后乳房收缩变软，处于停止活动状态，干奶工作即完全结束。如停奶后出现乳房继续肿胀、红肿或滴奶等现象，母牛会兴奋不安，此时可再将乳汁挤净后再用青霉素药膏封闭为好。

（四）干奶期奶牛的饲养

干奶期是母牛身体蓄积营养物质的时期，适当的营养可使干奶母牛在此期间取得良好的体况。如果在此期饲喂得合理，就可以在下个泌乳期达到较高的产乳量和较大的采食量。由于乳牛代谢疾病的增加，干奶牛体况应维持中等水平。严格限制奶牛干乳期的能量摄入量，绝不应把母牛喂得过肥，否则易导致难产，影响以后的产奶量，过肥的母牛大多数在产后会食欲下降，以至于造成奶牛大量利用体内脂肪，从而易引发酮血症。此外，过肥的干奶牛还会造成脂肪肝的发生。视母牛体况、食欲而定，其原则为使母牛日增重在500~600克，全干奶期增重30~36千克，体况评分3.25。

干奶期奶牛的饲养应根据具体体况而定。在实施干乳过程中，在满足干乳牛营养的前提下，使其尽早停止泌乳活动，不喂或少喂多汁料及副料，适当搭配精料。增加粗饲料（干草）的采食量；短时间限制饮水；缓解瘤胃负担，恢复前胃机能。对于营养状况较差（体况评分低于3.5分）的高产母牛应提高营养水平，除充足供应优质粗饲料外，还应饲喂一定量的精料，使其在干奶前期的体重比泌乳盛期时增加10%左右，从而达到中上等膘情；对于营养状况良好的干奶母牛，整个干奶前期一般只给予优质牧草，补充少量精料即可。精料的喂量视粗饲料的质量和奶牛膘情而定。一般可以按日产10~15千克牛奶的标准饲养，供应8~10千克的优质干草、15~20千克的玉米青贮饲料（全株玉米青贮每头每天的喂量不宜超过13千克或粗饲料干物质的一半）和2~4千克配合精料。干奶牛的配合精料中应补充充足的矿物质微量元素和维生素预混料。精料喂量最大不宜超过体重的0.6 ~0.8%，以防奶牛产犊时过肥，造成难产和代谢紊乱。

干奶期应以青粗饲料为主，糟渣类和多汁类饲料不宜饲喂过多。干物质进食量为母牛体重的1.5%（粗饲料的含量应达到日粮干物质的60%以上），日粮粗蛋白含量为11% ~12%，精粗比为25：75，产奶净能含量1.75NND/千克，NDF45% ~50%，NFC30% ~35%，干奶前期日粮钙含量0.4% ~0.6%，磷含量0.3% ~0.4%，食盐含量0.3%，同时注意胡萝卜素的补充。为防止母牛皱胃变位和消化机能失调，每日每头牛至少应喂给2.5 ~4.5千克干草。

参考日粮配方：

配方1：适用305 d产奶量5 500 ~6 000千克的干奶牛日粮为玉米青贮22千克，羊草3.10千克，混合料2.60千克（其中玉米60%，豆饼10%，麸皮16%，大麦6%，高粱6%，食盐2%）。

配方2：适用于体重600 ~650千克的奶牛的干奶前期日粮为玉米青贮18千克，中等羊草3 ~3.5千克，精料3千克（其中玉米50%，豆饼34%，麸皮13%，磷酸钙1.6%，碳酸钙0.4%，食盐1%）。

配方3：适用于体重500 ~550千克的奶牛的干奶前期日粮为玉米青贮17千克，中等羊草2.5 ~3千克，精料3千克（其中玉米44%，豆饼16%，麸皮37%，磷酸钙0.5%，碳酸钙1.5%，食盐1%）。

五、围产期奶牛的饲养管理

奶牛产前15 d称为围产前期，产后15 d称为围产后期。奶牛的围产期是奶牛对前一泌乳期的休整阶段，也是下一泌乳期的准备和开始阶段。这一时期的饲养管理直接关系到奶牛的体质、分娩情况，产后泌乳情况和健康状况。因此，长期以来，围产期被认为是奶牛生产中的一个关键时期。

（一）围产期奶牛的代谢特征

在奶牛由妊娠末期逐渐进入泌乳早期的过程中，内分泌状态发生明显改变，从而为分娩和泌乳做准备。血浆胰岛素下降，生长激素增加。分娩时血浆甲状腺素下降50%，然后又开始增加。雌激素在妊娠后期浓度升高，产犊时迅速下降。普遍认为在围产期雌激素水平提高是造成采食量降低的主要原因，产前最后一周干物质采食量可以降低30%～40%，或采食量从体重的2%降低到1.5%。孕酮含量在产犊前两天迅速下降，糖皮质激素和催乳素在产犊当天增加，分娩后的第二天回到分娩前水平。内分泌状态的改变和干物质采食量的减少，会影响奶牛的代谢，导致脂肪从脂肪组织及糖原从肝脏的动员。血液中非酯化脂肪酸浓度迅速提高，直到分娩结束为止，极易造成NEFA以甘油三酯的形式在肝脏中蓄积，肝脏功能损害。在围产前期，血浆葡萄糖浓度保持恒定或略微增加，产犊时迅速上升，随后立即下降。产前9 d到产后21 d内脏器官葡萄糖的总输出量升高267%，这几乎全部来源于肝脏的糖异生。围产期从丙酸盐、乳酸盐和甘油异生的葡萄糖占肝脏葡萄糖净释放量的50%～60%、15%～20%和2%～4%。而由氨基酸异生的葡萄糖最低可占20%～30%。血钙在产犊前最后几天有所下降，分娩时达到最低。在围产期，奶牛的免疫机能下降。嗜中性白细胞和淋巴细胞的功能受到抑制，其他免疫系统成员的血浆浓度也下降。

（二）围产前期奶牛的饲养管理

主要目标是使奶牛逐渐由以粗料为主的饲喂模式向高精料日粮模式过渡，激发免疫系统，减少疾病，减少产后代谢疾患。一方面，要给予较高的营养水平，保证胎儿的正常发育；另一方面，营养水平又不能过高，以免胎儿和母牛过肥（体况评分3.5分为宜）。否则可能使牛发生难产、代谢病和某些传染病。使母牛能在新的泌乳期内充分发挥泌乳潜力，促进产奶高峰期的早日到来，母牛能在产后很快地大量进食饲料干物质。

1. 围产前期的饲养

营养水平：干物质采食量占母牛体重的2.5%～3%；每千克日粮干物质含2～2.3个NND；可消化粗蛋白质占日粮干物质9%～11%；钙为40～50克，磷为30～40克。中性洗涤纤维33%、酸性洗涤纤维23%和非纤维性碳水化合物42%。

瘤胃微生物从高纤维日粮转变到对高淀粉日粮的完全适应需要3～4周的时间，所以，一般于分娩前15～21 d开始逐渐增加精料，可每次增加0.3～0.5千克，直至临产前精料饲喂量达到5.5～6.5千克，但最大喂量不超过体重的1%～1.2%，以促进瘤胃细菌与乳头状突起的生长，减少体脂的动用及与脂肪代谢有关的代谢紊乱的发生。掌握在比干乳期稍高的相对低水平。此外，应该将此阶段日粮种类与围产后期种类尽量调整一致，特别是可能出现适口性问题的饲料应逐渐增加喂量，以减少产后日粮结构改变对奶牛产生的应激。

粗蛋白水平调整为12%～14%，并增加瘤胃非降解蛋白（RUP）的含量，达到粗蛋白的26%左右，一般发酵工业蛋白饲料、高温处理的大豆等含较高的 RUP，有助于降低酮病、胎衣不下等疾病的发生率。

保证足量的有效纤维是十分重要的，一般建议中性洗涤纤维（NDF）含量40%。日饲喂4千克优质禾本科干草，青贮饲料15千克，以促进瘤胃及其微生物区系功能发挥，防止真胃移位。

对分娩前半个月内的奶牛要实行低钙日粮饲养，使日粮中的钙质含量减至平时喂量的1/3～1/2，这种喂法可使奶牛骨骼中的钙质向血液中转移，这样可有效地防止奶牛产后麻痹症的发生。以及减少由此引发的一系列代谢紊乱，如干物质采食量降低、胎衣不下、产后瘫痪、真胃移位、酮病等，需要调整围产前期奶牛日粮的阴阳离子平衡（DCAB），使DCAB在－150～－50毫克/千克干物质范围内，奶牛尿液pH值降低到6.0～6.5范围内，即能达到最佳效果。

产前食盐的喂量可由原来的每天75～100克降至30～50克，即由原来的1.5%降至0.5%以下。可以避免母牛产前催奶过急，有效地减少奶牛产后乳房水肿的发生，有利于母牛产后食欲恢复。

日粮中适当补充维生素A、维生素D、维生素E和微量元素（硒），对产后子宫的恢复，提高产后配种受胎率，降低乳房炎发病率，提高产奶量具有良好作用。如每日补充维生素E 3 000～4 000国际单位。为了降低母牛产后胎衣滞留病的发生率，在围产期注射复合维生素E可获得满意效果。

严禁饲喂缓冲剂，因为钠与钾是强致碱性阳离子，一方面会提高粗粮阴阳离子平衡值，容易引起低血钙；另一方面也会大大增加产后乳房水肿的发病率。

母牛临产前2～3 d内，还要注意增加一些易消化、具有轻泻作用的麸皮，以防母牛发生便秘。其具体方法可在每100千克精料中加入30~50千克麸皮饲喂母牛。

2. 围产前期的管理

母牛一般在分娩前两周转入产房，以使其习惯产房环境。在产房内每牛占一产栏，不系绳，任母牛在圈内自由活动；产房派有经验的饲养员管理。产栏应事先清洗消毒，并铺以短草，产房地面不应光滑，以免母牛滑倒。天气晴朗时应让母牛到运动场适当活动，但应防止挤撞摔倒，保证顺利分娩。严禁饲喂发霉变质的饲料和饮用污水，冬季不能饲喂冰冻饲料和饮冰水。预防乳房炎和乳热症的工作应从此时开始。虽然乳房炎并非全由饲喂高水平精料造成，但饲喂高水平精料确有促进隐性乳房炎发病的作用。因此，干奶后期必须对母牛的乳房进行仔细检查、严密监视，如发现有乳房炎征兆时必须抓紧治疗，以免留下后患。

（三）奶牛分娩期的饲养管理

分娩期一般指母牛分娩至产后7 d。因为这段时间奶牛经历妊娠至产犊至泌乳的生理变化过程，在饲养管理上有特殊性，在生产中应加以重视。主要目标是尽量克服干物质采食量（DMI）降低和能量负平衡，及时调整日粮并观察奶牛，尽早恢复体质，减少代谢病的发生，确保在转入高产牛群时奶牛处于良好的健康状态。

1. 临产牛的观察与护理

随着胎儿的逐步发育成熟和产期的临近，母牛在临产前发生一系列变化。为保证安全接产，必须安排有经验的饲养人员昼夜值班，注意观察母牛的临产症状，主要观察4个方面：①观察乳房变化。产前约半个月乳房开始膨大，一般在产前几天可以从乳头挤出黏稠、淡黄色液体，当能挤出乳白色初乳时，分娩可在1~2 d内发生。②观察阴门分泌物。妊娠后期阴唇肿胀，封闭子宫颈口的黏液塞溶化，如发现透明索状物从阴门流出，则1~2 d内将分娩。③观察是否“塌沿”。妊娠末期，骨盆部韧带软化，臀部有塌陷现象。在分娩前一两天，骨盆韧带充分软化，尾部两侧肌肉明显塌陷，俗称“塌沿”，这是临产的主要症状。④观察宫缩。临产前，子宫肌肉开始扩张，继而出现宫缩，母牛卧立不安，频繁排出粪尿，不时回头，说明产期将近。观察到以上情况后，应立即将母牛拉到产间，并铺垫清洁、干燥、柔软的褥草，做好接产准备。

2. 分娩后的护理

母牛分娩过程体力消耗很大，产后体质虚弱，处于亚健康状态，饲养原则是全力促进其体质的恢复。刚分娩母牛大量失水，要立即喂以温热、足量的麸皮盐水（麸皮1~2千克，盐100~150克，碳酸钙50~100克，温水15~20千克），可起到暖腹、充饥、增腹压的作用。同时喂给母牛优质、嫩软的干草1~2千克。为促进子宫恢复和恶露排出，还可补给益母草温热红糖水（益母草250克，水1 500克，煎成水剂后，再加红糖1 000克，水3 000克），每日1次，连服2~3 d。

母牛产后经30分钟即可挤奶，挤奶前先用温水清洗牛体两侧、后躯、尾部，并把污染的垫草清除干净，最后用0.1%~0.2%的高锰酸钾溶液消毒乳房。开始挤奶时，每个乳头的第1、2把奶要弃掉，挤出2~2.5千克初乳。

产后4~8小时胎衣自行脱落。脱落后要将外阴部清除干净并用来苏尔水消毒，以免感染生殖道。胎衣排出后应马上移出产房，以防被母牛吃掉妨碍消化。如12小时还不脱落，就要采取兽医措施。母牛在产后应天天或隔天用1% ~2%的来苏尔水洗刷后躯，特别是臀部、尾根、外阴部，要将恶露彻底洗净。加强监护，随时观察恶露排出情况，如有恶露闭塞现象，即产后几天内仅见稠密透明分泌物而不见暗红色液态恶露，应及时处理，以防发生产后败血症或子宫炎等生殖道感染疾病。观察阴门、乳房、乳头等部位是否有损伤；有无瘫痪发生征兆。每日测1 ~2次体温，若有升高，及时查明原因并进行处理。

母牛在分娩前1 ~3 d，食欲低下，消化机能较弱，此时要精心调配饲料，精料最好调制成粥状，特别要保证充足的饮水。由于经过产犊，气血亏损，牛体抵抗力减弱，消化机能及产道均未复原，而乳腺机能却在逐渐恢复，泌乳量逐日上升，形成了体质与产乳的矛盾。此时在饲养上要以恢复母牛体质为目的。在饲料的调配上要加强其适口性，刺激牛的食欲。粗饲料则以优质干草为主。精料不可太多，但要全价，优质，适口性好，最好能调制成粥状，并可适当添加一定的增味饲料，如糖类等。4 d后逐步增加精料、块根块茎料、多汁料及青贮。要保持充足、清洁、适温的饮水。一般产后1 ~5 d应饮给温水，水温37 ~40℃，以后逐渐降至常温。

产犊的最初几天，母牛乳房内血液循环及乳腺胞活动的控制与调节均未正常，所以不能将乳汁全部挤净，否则由于乳房内压显著降低，微血管渗出现象加剧，会引起高产奶牛的产后瘫痪。每次挤奶时应热敷按摩5 ~10分钟，一般产后第1 d每次只挤2千克左右，第2 d每次挤奶1/3，第3 d挤1/2，第4 d才可将奶挤尽。分娩后乳房水肿严重，要加强乳房的热敷和按摩，每次挤奶热敷按摩5 ~10分钟，促进乳房消肿。

产前1周和产后隔日检测酮体。

(四) 围产后期奶牛的饲养管理

围产后期指产后第 7 ~ 15 d。此阶段奶牛产奶量迅速增加，采食量增加缓慢，为满足能量需要奶牛动员自身体脂肪。

1. 围产后期的饲养管理

干物质占母体体重的 3% ~3.8%；每千克干物质含 2.3 ~ 2.5 个 NND；CP：17% ~19%（非降解蛋白含量达粗蛋白 40%）；分娩后立即改为高钙日粮，钙占日粮干物质的 0.7% ~ 1%（130 ~ 150 克/天），磷占日粮干物质的 0.5% ~0.7%（80 ~ 100 克/天）。粗纤维含量不少于 17%。NDF28% ~ 45%，NFC50%。

提高新产牛日粮营养浓度和精料喂量，以满足低采食量情况下的奶牛实际营养需要，减少体况损失。但精料增加不宜过快，否则会引起瘤胃酸中毒、真胃移位、乳脂率下降等一系列问题，一般前 2 周精料添加速度为 0.5 千克/天左右；由于新产牛 DMI 不高，且动员体内蛋白质的能力有限，因此提高日粮蛋白质浓度很重要，一般日粮粗蛋白含量推荐为 17% ~19%，其中应包括足够的瘤胃降解与非降解蛋白，非降解蛋白含量达到粗蛋白 40% 左右。饲喂质量最好的粗料，NDF 含量为 28% ~ 33%，并保证有充足的有效长纤维（大于 2.6 cm）。可饲喂 2 ~ 4 千克/天优质长干草（最好是苜蓿），确保瘤胃充盈状态和健康功能。一般小苏打与氧化镁一起使用，比例为 2 ~3 份小苏打加 1 份氧化镁，小苏打添加量为 0.75%。

为弥补营养不足，应在围产后期提高饲料的营养浓度，根据牛的食欲及乳房消肿情况，逐渐增加各种饲料给量，从产后第 7 d 开始，以牛最大限度采食为原则，每天增加 0.5 ~1 千克精饲料，一直增加到产奶高峰。日采食干物质量中精料比例逐步达60%，精料中饼类饲料应占到30%，同时，每头牛可补加1～1.5千克全脂膨化大豆，以补充过瘤胃蛋白和能量的不足。增喂精饲料是为了满足产后日益增多的泌乳需要，同时尽早给妊娠、分娩期间出现的负平衡以补偿。一般日喂混合料10～15千克（其中谷实类头日喂给7～10千克，饼类饲料2～3千克）。

粗饲料饲喂由开始时的以优质干草为主，逐步增喂玉米青贮、高粱青贮，至产后15 d，青贮喂量宜达20千克以上，干草3～4千克，其中为增进干草采食量可喂一些苜蓿草粉或谷草草粉，占干草量的1/3左右，产后7 d后还可以喂些块根类、糟渣类饲料，以增强日粮的适口性，提高日粮营养浓度。块根类头日喂量5～10千克，糟渣类15千克。

产后奶牛体内的钙、磷也处于负平衡状态。如日粮中缺乏钙、磷，有可能患软骨症、肢蹄症等，使产奶量降低。为保证牛体健康和产奶，母牛产后需喂给充足的钙、磷和维生素D。豆科饲料富含钙，谷实类饲料含磷较多，饲料中钙、磷不足应喂给矿物质饲料，分娩10 d后，头日喂量钙不低于150克，磷不低于100克。

2. 围产后期的管理

日粮能量不足会造成能量收支的极不平衡，过度动用体脂肪势必影响牛体健康，影响泌乳性能的发挥。母牛分娩后的15 d内，每天平均失重1.5～2.0千克。给临产牛喂特定日粮来维持采食量。

避免任何可能的应激，如场地、槽空间、热应激、疾病风险等。尽量少转群。

第四节 牛常见病的防治

一、牛的内科病

(一) 瘤胃臌气

1. 病因

瘤胃臌气是由于牛采食了过量的或质量较差、变质的饲草饲料，在瘤胃内发酵降解，产生大量的气体，使瘤胃臌胀，嗳气不畅，呼吸受阻。

2. 症状

瘤胃臌气可分为急性和慢性。发病的牛只瘤胃迅速臌胀，腹压增大，呼吸急促，血液循环加快。脉搏每分钟 100 ~ 120 次。结膜发绀，眼球突出。由于瘤胃壁痉挛性收缩，引起疼痛，病牛站立不安，盗汗；食欲消失，反刍停止。病重时瘤胃壁张力消失，气体聚积，呼吸困难，心力衰竭，倒地抽搐，窒息死亡。

3. 诊断

瘤胃臌气，又分气体性和泡沫性两种。气体性瘤胃臌气，叩诊牛左上腹发出明显的鼓响声，插入胃管可减缓臌气。泡沫性瘤胃臌气，口腔溢出泡沫状唾液，叩诊牛左上腹鼓响声不明显。

4. 治疗

(1) 胃管治疗法　通过插入的胃管，可以先放气，然后再投放防瘤胃臌气的化合物。植物油（水：油比为500：300）、聚炔亚炔可作为瘤胃抗泡沫剂。从胃管注入的化合物还可选用稀盐酸（10～30 mL）、酒精（1∶10）、澄清的石灰水溶液（1 000～2 000 mL）、8%氢氧化镁混悬溶液（600～1 000 mL）、土霉素（250～500 mL）、青霉素（100 万 IU）。

（2）套管针治疗法　用套管针穿刺瘤胃，迅速放出瘤胃内的气体，减缓臌胀，这是一种急救治疗方法。使用套管针治疗时，要使套管针附在牛的腹壁上，注意要缓慢放气。待气体放完后，再注入治疗药物，之后可拔出套管针。

（3）口服药物法　灌服的药物有萝卜籽 500 g 和大蒜头 200 g 捣碎混合，加麻油 250 g；熟石灰 200 g，加熟的食用油 500 g；芋叶 250 g、加食用油 500 g。

（二）创伤性网胃炎

1. 病因

创伤性网胃炎是指牛采食过程中，金属等异物混在饲料中进入胃内，引起网胃——腹膜慢性炎症。这些异物如铁钉、铁丝、碎铁片、玻璃碴等，尖锐的异物随着网胃的收缩会刺穿胃壁，而发生腹膜炎。

2. 症状

食欲下降，瘤胃嗳气，出现臌气，反刍减少。网胃一旦穿孔，采食停止，粪便异常。由于网胃疼痛，弓腰举尾，行动缓慢。

3. 诊断

血液检测，白细胞和嗜中性粒细胞总数异常增加，淋巴细胞与嗜中性粒细胞数比值为 1.0∶1.7（正常牛为 1.7∶1.0）。可用 X 射线透视检查网胃。

4. 治疗

可肌肉注射链霉素5 g、青霉素300万IU稀释液；或内服磺胺二甲基嘧啶每千克体重0.15 g，每天1次，连续3～5 d。严重者进行瘤胃手术取出网胃异物。

（三）胃肠炎

1. 病因

胃肠炎是由于胃肠黏膜组织发生炎症，可分为单纯性、传染性、寄虫性和中毒性四类。经常饲用发霉变质的饲料容易引起胃肠炎。

2. 症状

胃肠黏膜组织出现化脓、出血、纤维化、坏死等。体温上升，腹痛伴随腹泻，粪便有黏液、血液迹象。

3. 治疗

应用琥珀酰磺胺噻唑、黄连素、酞磺胺噻唑等抗菌药物治疗。

（四）瘤胃积食

1. 病因

采食大量粗纤维含量较高的饲料饲草引起牛的瘤胃积食。

2. 症状

瘤胃积食也称瘤胃阻塞、瘤胃食滞、急性瘤胃扩张，主要表现为无食欲，停止反刍，脱水，出现毒血症。

3. 治疗

向瘤胃内及时灌入温水，并进行适度按摩治疗。

（五）前胃弛缓

1. 病因

前胃弛缓是由于牛的前胃兴奋性和收缩力失调，引起瘤胃内容物运转弛缓，致使消化不良。采食发霉变质的饲料，过度应激、低血钙也会引起前胃弛缓。

2. 症状

瘤胃蠕动减缓，无食欲，反刍次数减少，出现间歇性臌气。

3. 诊断

瘤胃内容物消化不良，瘤胃液 pH 下降，小于 5.5（正常牛为 6.5 ~ 7.0）。

4. 治疗

低血钙所引起的前胃弛缓的治疗，可静脉注射 10% 氯化钙溶液 100 mL、20% 安钠咖药液。对前胃弛缓的治疗，也可应用葡萄糖生理盐水 2 500 ~ 4 000 mL静脉注射。对继发性前胃弛缓的治疗，可静脉注射 25% 葡萄糖溶液 500 ~ 1 000 mL、40% 乌洛托品溶液 20 ~ 40 mL。

（六）酸中毒

1. 病因

①脱缰偷食了大量谷类饲料，如玉米、小麦、大麦、高粱、水稻等，或块茎块根类饲料，如甜菜、马铃薯、甘薯等；或酿造副产品，如酿酒后的干谷粒、酒糟；或面食品，如生面团、馒头等。

②有的饲养员为了提高产奶量，连续多日过量增加精料。

2. 症状

（1）最急性型　一般在饲后 4 ~ 8 h 发病，精神高度沉郁，体弱卧地，体温低下，重度脱水。腹部显著膨胀，内容物稀软或水样。陷入昏迷状态后很快死亡。

（2）急性型　食欲废绝，反应迟钝，磨牙虚嚼。瘤胃臌满无蠕动音，触之有水响音，瘤胃液 pH 5～6，无存活的纤毛虫，排粪稀软酸臭，有的排粪停止。脉搏细弱，中度脱水，结膜暗红。后期出现明显的神经症状，步态蹒跚或卧地不起，昏睡乃至昏迷，若救治不及时或救治不当，多在发病 24 h 左右死亡。

（3）亚急性型　食欲减退或废绝，精神委顿，轻度脱水，结膜潮红。瘤胃中度充满，收缩无力，触诊可感生面团样或稠糊样，瘤胃液的 pH 5.6～6.5，有一些活动的纤毛虫。有的继发蹄叶炎和瘤胃炎。

3. 治疗

①瘤胃冲洗中和酸度。常用石灰水洗胃和灌服，取生石灰 1 kg，加水 5 000 mL，搅拌后静置 10 min，取上清液 3 000 mL，用胃管灌入瘤胃内，随后放低胃管并用橡皮球吸引，导出瘤胃的液状内容物。如此重复洗胃和导胃，直至瘤胃内容物无酸臭味而呈中性或弱碱性为止。

②补液补碱。5% 碳酸氢钠 2 000～5 000 mL、葡萄糖盐水 2 000～4 000 mL 一次静脉注射。对危重病畜输液速度初期宜快。

③在洗胃后数小时，灌服石蜡油 1 000～1 500 mL，也可在次日用中药“清肠饮”，验方为：当归 40 g、黄芩 50 g、二花 50 g、麦冬 40 g、元参 40 g、生地 80 g、甘草 30 g、玉金 40 g、白芍 40 g、陈皮 40 g，水煎后一次灌服。

④在病的后期静注促反刍液对胃肠机能的恢复大有益处。

（七）酮病

1. 病因

（1）原发性病因　大量喂给高蛋白质和高脂肪性精料而碳水化合物不足，营养不平衡，引起代谢紊乱。

（2）继发性病因　能使食欲下降的疾病，如产后瘫痪、胎衣不下、乳房炎、前胃弛缓、真胃变位等都可继发酮病。

2. 症状

高产奶牛多在产后4～6周发病，病初有神经症状，表现机敏和不安，流涎，不断舐食，磨牙，肩部、腹肋部肌肉抽搐。神情淡漠，反应迟钝。有的呈现过度兴奋、盲目徘徊或冲向障碍物。酮体可随挤乳、出汗、排尿、呼出气体等而发散畜舍，酷似醋酮或氯仿，似烂苹果味。厌食或偏食，产奶量急剧下降，消瘦，尿少，粪便干硬。血糖水平降至1.12～2.24 mmol/L（正常为2.8 mmol/L）。血酮水平升至100～1 000 mg/L（正常为100 mg/L以下）。

3. 治疗

①25%葡萄糖液1 000～2 000 mL、5%碳酸氢钠500 mL一次静脉注射，连用3～5 d。

②用促肾上腺皮质激素（ACTH）200～600 IU肌肉注射，每周2次。也可用醋酸可的松0.5～1.5 g肌肉注射，间隔1～3 d再注射一次。

③口服葡萄糖先质，最初用丙酸钠，后改为丙二醇，口服剂量120～240 g，每天2次，连用7～10 d。或用甘油250 mL连服2～3 d。

④注射维生素A、维生素B_1、维生素B_{12}，有助于本病的

治疗。

二、牛的外科病

（一）蹄病

1. 病因

蹄病是牛蹄疾病的总称。它包括指（趾）间蜂窝织炎、指（趾）间坏死杆菌病。蹄病是牛的常见病，病因主要是牛只创伤体弱，营养素不平衡、活动场地潮湿、粪尿污泥长时间侵染牛蹄。

2. 症状

由于蹄部疼痛，行走站立弓腰、吃力跛行。严重时蹄壳腐烂、变形，角质部为黑色，常卧地不起，表现出全身性败血症症状。

3. 治疗

蹄部整修是治疗蹄病的方法之一。首先绑定牛只，清洗牛蹄污物，用5%来苏儿液浸泡患蹄，用蹄刀进行腐蹄整修，切除腐烂的角质部。修整后用10%硫酸铜清洗，涂上10%碘酊，塞上松馏油棉球，也可用3%～5%高锰酸钾液处理。感染严重、出现全身症状时可用广谱抗生素。

经常用2%～5%甲醛或10%硫酸铜消毒牛群，进行浴蹄，日粮中添加富锌类微量元素添加剂，可预防或降低发病率。

（二）蹄叶炎

1. 病因

蹄叶炎是蹄真皮的弥散无腐败性炎症，多发生于5～7岁的产犊、产奶旺盛期的奶牛。突然改喂高碳水化合物饲料和长期喂给高蛋白质饲料易引起蹄真皮发炎。流行性感冒、肠炎、胎衣不下、乳房炎、酮病等会继发此病。

2. 症状

急性型，蹄冠部水肿、增温、趾动脉亢进，叩诊蹄痛。体温升高，脉搏、呼吸加快，肌肉颤抖及出汗、弓背，常将后肢伸于腹下，站立时可能会无意识地横向活动或走出牛舍。慢性型，除跛行外，走路摆头，无显著全身症状，但奶产量及体重减轻，蹄骨变形，形成芜蹄。

3. 治疗

营养性蹄叶炎首先停喂或减少与发病有关的精料，多喂富含维生素的青草。为改善蹄部的血液循环，减少渗出，可施行冷浴或用冷水给患蹄浇淋，3 d以后改用蹄部温敷、温脚浴，每次1～2 h，每天2～3次，连续5～7 d。为缓解疼痛，可用2%普鲁卡因封闭掌（跖）神经，同时肌肉注射安痛定、青霉素，每天2次。为加速渗出物和有毒物质排出，可每天静脉注射消肿灵液500～1 000 mL，灌服石蜡油1 000～2 000 mL轻泻。为缓解瘤胃代谢紊乱，可用碳酸氢钠以纠正酸中毒。对慢性蹄叶炎注意矫形修蹄，并补充锌等微量元素。为脱敏，病初时用抗组织胺药物，如内服盐酸苯海拉明0.5～1.0 g，每天1～2次，5%氯化钙液250 mL、10%维生素C 30 mL，分别静脉注射。

三、牛的产科病

(一) 胎衣不下

1. 病因

胎衣不下也称胎衣滞留，是指母牛产出胎儿12 h后胎衣仍未自行排出体外。胎衣在3～8 h自行排出体外为正常。流产、胎盘疾病炎症、应激早产、营养素不平衡等均能导致胎衣不下。

2. 症状

母牛产后12 h，胎衣仍未自行排出体外。有的一部分胎衣被排出后，另一部分中途断离滞留在子宫内。

3. 治疗

灌服该母牛分娩时的羊水，缓慢按摩乳房，使子宫收缩，排下胎衣。也可人工剥离胎衣，促使胎衣与胎盘分离。病情重时，可静脉注射葡萄糖溶液和钙补充液。为促使恶露排尽，可肌肉注射麦角新碱20 mL，也可按子宫炎疗法向子宫内注入抗生素溶液。

（二）不孕症

1. 卵巢静止或萎缩

这种牛没有什么病症，只是不发情，即使是春季和秋季也无发情表现。要恢复其正常的繁殖机能，可采用如下疗法：注射促卵泡素（FSH）每次300~600万U；注射妊娠后50~100 d的母马血清20~30 mL；注射二酚乙烷40~50 mg。注射后第2 d或第3 d观察是否发情。这一次发情并不排卵，只是激活卵巢功能，下一个发情期才能排卵配种。

2. 卵泡囊肿

表现为性欲特别旺盛，常爬跨其他母牛，叫声像公牛，却屡配不孕。治疗时要强制做牵遛运动，进行卵巢按摩、激素疗法。肌肉注射黄体酮，每次50~100 mg，每日或隔日1次，7~10 d见反应。肌肉注射促黄体素100~200 U，用药1周后如无效可再做第2次治疗，直到囊肿消失为止。卵泡囊肿与黄体囊肿的治疗方法不同，应在直肠检查时予以区分。

四、牛的传染病

(一) 口蹄疫

1. 病因

口蹄疫是偶蹄兽类急性、热性、高度接触性传染病，人畜共患，传播渠道多。

2. 症状

病畜的口腔黏膜、舌部、乳房、蹄部出现疱疹。

3. 诊断

发病牛体温 40 ~ 41℃，流涎，口腔内的齿龈、舌面、颊部黏膜出现大小不等的水疱及粉红色糜烂。口蹄疫病毒主要分布在病牛的皮内水疱、淋巴液中，通过血流传播于组织和体液中。

4. 防治

预防注射口蹄疫疫苗，注射后 14 d 产生免疫力，免疫期 4 ~ 6 个月。

一旦发生 O 型、牛亚洲Ⅰ型等牲畜口蹄疫传染病时，由政府按重大动物疫情应急控制预案的规定，封锁疫区，扑杀疫牛。

(二) 结核病

1. 病因

结核病是指在机体内器官组织肺部或淋巴结上有钙化的结核结节的人畜共患的慢性传染病。结核杆菌的传染主要是通过呼吸道、消化道途径，如唾液、乳、粪、尿、生殖器分泌物等。可分为肺结核、乳房结核、肠道结核、生殖道结核、喉结核、脑结核、结核性关节炎等。

2. 症状

肺结核患牛常有短促干咳，带有黏性、脓性、灰黄色的咳出物，呼出的气有腐臭味，机体消瘦，淋巴结肿大，胸腹膜有结核病灶。乳房结核患牛淋巴肿大，乳区形成较多的硬结节，乳稀、灰白色。肠道结核患牛消化不良，下痢消瘦，发病部位主要在空肠和回肠。生殖道结核患牛不易受胎，怀孕时常流产。

3. 诊断

结核菌素检验有皮内注射法和点眼法两种方法。

(1) 皮内注射法　在颈侧中部上1/3处，注射结核菌原液(50 000 IU/mL)，3月龄牛0.1 mL剂量，3～12月龄0.15 mL，12月龄以上0.2 mL。注射72 h后观察，皮局部发热有弥漫性水肿，判定为阳性；皮部炎性水肿不明显，判定为疑似；皮部无炎性水肿，判定为阴性。注射后48 h可复检。

(2) 点眼法　选择眼结膜正常的牛的左眼，用1%硼酸棉球擦净眼部外围的污物，将0.2～0.3 mL结核菌素原液滴入眼结膜囊内，分别在3 h、6 h、9 h观察，如果有淡黄色脓物流出，结膜明显充血水肿、流泪，可判定为阳性。

4. 治疗

预防性治疗药物有异烟肼、链霉素、氨基水杨酸。链霉素对抗结核杆菌有特效作用，注射疗程达2～3个月，每天用量100万U，小牛可按每千克体重10～30 mg。对氨基水杨酸钠抗结核作用比链霉素弱，一般不单独使用。丙硫异烟肼临床常与链霉素、利福平联用。

（三）传染性胸膜肺炎

1. 病原

牛传染性胸膜肺炎也称牛肺疫，是由丝状霉形体引起的对牛危害严重的一种接触性传染病，主要侵害肺和胸膜，其病理特征为纤维素性肺炎和浆液纤维素性肺炎。

2. 症状

（1）急性型　病初体温升高至 40 ~42℃，鼻孔扩张，鼻翼扇动，有浆液或脓性鼻液流出。呼吸高度困难，呈腹式呼吸，有吭声或痛性短咳。前肢张开，喜站。反刍弛缓或消失，可视黏膜发绀，臀部或肩胛部肌肉震颤。脉细而快，每分钟 80 ~120 次。前胸下部及颈垂水肿。胸部叩诊有实音，痛感；听诊时肺泡音减弱；病情严重出现胸水时，叩诊有浊音。若病情恶化，则呼吸极度困难，病牛呻吟，口流白沫，伏卧伸颈，体温下降，最后窒息而死。病程 5 ~8 d。

（2）亚急性型　其症状与急性型相似，但病程较长，症状不如急性型明显而典型。

（3）慢性型　病牛消瘦，常伴发癌性咳嗽，叩诊胸部有实音且敏感。在老疫区多见，牛使役力下降，消化机能紊乱，食欲反复无常，有的无临床症状但长期带毒，故易与结核相混，应注意鉴别。病程 2 ~4 周，也有延续至半年以上者。

3. 诊断

本病初期不易诊断。若引进牛在数周内出现高热，持续不退，同时兼有浆液纤维素性胸膜肺炎之症状，并结合病理变化可作出初步诊断。进一步诊断可通过补体结合反应。其病理诊断要点为：肺呈多色彩的大理石样变性；肺间质明显增宽、水肿，肺组织坏死；浆液纤维素性胸膜肺炎。

牛肺疫与牛巴氏病鉴别：后者发病急、病程短，有败血症表现，组织和内脏有出血点；肺病变部大理石样变及间质增宽不明显。

早期牛肺疫与结核病鉴别：应通过变态反应及血清学试验等区别。

4. 防治

勿从疫区引牛，老疫区宜定期用牛肺疫兔化弱毒菌苗免疫注射；发现病牛应隔离、封锁，必要时宰杀淘汰；污染的牛舍、屠宰场应用3%来苏儿或20%石灰乳消毒。

本病早期治疗可达到临床治愈。病牛症状消失，肺部病灶被结缔组织包裹或钙化，但长期带菌，应隔离饲养以防传染。具体措施如下。

(1)“九一四”疗法　肉牛3~4 g“九一四”溶于5%葡萄糖盐水或生理盐水100~500 mL中，一次静脉注射，间隔5 d一次，连用2~4次，现用现配。

(2)抗生素治疗。四环素或土霉素2~3 g，每日一次，连用5~7 d，静脉注射；链霉素3~6 g，每日一次，连用5~7 d，除此之外辅以强心、健胃等对症治疗。

(四)大肠杆菌病

1. 病因

牛的大肠杆菌病是由致病性大肠杆菌引起的一种急性传染病，主要发生在犊牛，并且以10日龄以内的初生犊牛较为多见。引起犊牛发生大肠杆菌病的血清型有O3、O8、O9、O15、O26等十多种。大肠杆菌对外界一些不良因素的抵抗力不强。一般消毒剂易于将它杀灭。致病性大肠杆菌能产生内毒素和肠毒素。内毒素有抵抗高热的能力。

2. 症状

犊牛感染病菌后，潜伏期一般很短，只有几小时就发病。病型有以下 3 种。

（1）败血型　疾病经过很急促。突然发生高热，精神沉郁，拒食，偶有血样腹泻。几小时至 24 h 死亡。剖检见各器官组织浆膜和黏膜出血，肠内有胶样血性的稀薄内容物，淋巴结出血与水肿。

（2）肠型　犊牛食欲废绝，高热，精神沉郁，发病后不久即出现腹泻，粪便初为水样或粥样，颜色灰黄，后转为灰白，混有血液与气泡，带酸臭气味。因腹痛常常回望自己的腹部，或用足踢腹。病程稍长时，下痢次数减少，但不能停止，且可继发肺炎和关节炎。剖检主要的病变为肠黏膜充血、出血和黏液性肠炎。

（3）肠毒血型　此型不多见。病原为 O78、O101 等产肠毒素的血清型。发病后出现兴奋，而后出现沉郁、昏迷等神经症状。多突然死亡。剖检主要病变是脑膜和脑充血与出血。

3. 诊断

根据发病牛的日龄、症状与剖检变化，可对疾病做出初步诊断。确诊要通过实验室检查。

4. 治疗

本病以肠型治疗效果较好，可用土霉素（每千克体重 10 mg）、痢特灵（每千克体重 5～10 mg）、磺胺脒或琥珀酰磺胺噻唑（每千克体重 0.1 g），每日 2 次内服。败血型或肠毒血型病例，由于病程短促，大多不能及时救活，后果不良。

(五) 沙门氏菌病

1. 病因

沙门氏菌病又名副伤寒，主要由鼠沙门氏菌和都柏林沙门氏菌感染发病。临床上多表现为败血症和肠炎，也可使怀孕母畜发生流产。

2. 症状

成年牛常有40～41℃高热，昏迷，食欲废绝，呼吸开始困难，体力渐衰，大多数病例在发病后12～24 h，粪便中带血块，不久变下痢，粪便恶臭，含有纤维素片，间有黏液团或黏膜排出，下痢开始后体温降至正常或略高，病牛可在24 h内死亡，多数在1～5 d内死亡，病期延长者见脱水、消瘦、眼窝下陷、可视黏膜充血和发黄，病牛有腹痛，怀孕母牛发生流产（从流产胎儿检查可发现此菌）。一些病例可以恢复，有些牛发热，食欲消失，精神委顿，产奶量下降，经24 h后这些症状可以减退。还有些牛呈隐性经过，仅从粪便排出病菌，但数天后停止排菌。主要病变为出血性肠炎及肺炎的病理变化。

如在牛群中有带菌母牛，则犊牛可于出生后48 h即表现拒食、卧地不起、迅速衰竭，常于3～5 d内死亡。多数犊牛在出生后10～14 d以后发病，病初体温达40～41℃，24 h后排出灰黄色液状粪便，混有黏液和血丝，一般在出现病症后5～7 d内死亡。有时死亡率可达50%，有时多数病例可恢复，病期长的腕关节和跗关节可能肿大，还有支气管炎和肺炎症状。

3. 诊断

根据流行病学、临床症状和病理变化只能作出初步诊断，确诊应采病畜的血液、内脏器官或流产胎儿内容物等材料做沙门氏菌分离培养。

4. 防治

预防本病应加强饲养管理，消除发病诱因，保持饲料和饮水的清洁卫生，可用犊牛副伤寒疫苗接种。

治疗可选用土霉素、氯霉素、磺胺二甲基嘧啶、呋喃唑酮等，并给予对症治疗，如输液、强心。

（六）巴氏杆菌病

1. 病因

牛巴氏杆菌病又称为牛出血性败血症，是牛的一种由多杀性巴氏杆菌引起的急性热性传染病。本菌对多种动物和人均有致病性，家畜中以牛发病较多。以高热、内脏广泛出血、纤维素性大叶性胸膜肺炎及咽喉部皮下炎性水肿为特征。

2. 症状

体温升高达 41～42℃，脉搏加快，精神沉郁，呼吸困难，皮毛粗乱，肌肉震颤，结膜潮红，鼻镜干燥，食欲减退或废绝，泌乳下降，反刍停止。流涎，流泪，磨牙，呼吸困难，黏膜发绀，后期倒地，体温下降至死亡。病程为数小时至 2 d。

3. 诊断

根据临床症状诊断，还可进行实验室诊断，由病变部采集组织和渗出液涂片，用碱性美蓝染色后镜检，如涂片中有两端浓染的椭圆形小杆菌，即可确诊。也可进行细菌分离鉴定。

4. 治疗

发生本病时，应立即隔离病牛和疑似病牛进行治疗，健康牛要认真做好观察、测温，必要时用高免血清或菌苗进行紧急预防注射。

对于急性病例，用盐酸四环素 8 ~ 15 g，溶解在5%葡萄糖注射液1 000 ~2 000 mL中静脉注射，每日 2 次效果较好。或用20%磺胺噻唑钠 50 ~ 100 mL 静脉注射，连用3 d，也有一定效果。此外，在治疗过程中，在加强护理的同时，还应注意对症治疗。

(七) 布氏杆菌病

1. 病因

奶牛布氏杆菌病是由布鲁氏杆菌引起的人畜共患传染病，多呈慢性经过，对牛危害极大。临床主要表现为流产、睾丸炎、腱鞘炎和关节炎，病理特征为全身弥漫性网状内皮细胞增生和肉芽肿结节形成。

2. 症状

潜伏期2 周至 6 个月。母牛流产是本病的主要症状，常发生于怀孕第5 ~8 个月，产出死胎或软弱犊牛。流产时除表现分娩征象外，常有生殖道发炎症状，阴道黏膜发生粟粒大小的红色结节，流出灰白色黏性分泌物。胎衣往往滞留，流产后持续排出恶露，呈污灰色或棕红色，可持续 2 ~3 周。常发生子宫内膜炎、乳房炎。大多数母牛只流产 1 次。公牛常发生睾丸炎或关节炎、滑膜囊炎，有时可见阴茎红肿，睾丸和附睾肿大。

3. 诊断

主要用实验室检验方法进行诊断，常采用平板凝集试验和试管凝集试验相结合的方法。虎红平板凝集试验的方法：将被检血清与布鲁氏菌虎红平板抗原各0. 03 mL 滴于玻璃板上混匀，在室温下 4 ~10 min 呈现结果，出现凝集现象为阳性反应，完全不凝集的为阴性。受检血清虎红平板凝集试验阳性者，再进行试管凝集试验，试管凝集为阳性者，1 个月后复检，仍为阳性者，诊断为阳性病牛。

4. 防治

①不从疫区引种、购饲料及污染的畜产品。新引入牛须严格检疫，隔离观察 1 个月，确认健康后方能合群；无病牛群定期检疫，发现病牛，立即淘汰。

②检疫为阳性的病牛与同群牛隔离饲养，专人管理，定期消毒，严禁病牛流动。

③为消灭传染源，切断传播途径，对检疫为阳性的病牛全部进行淘汰处理。

④为防止疫情扩散蔓延，对病牛污染的圈舍、环境用 1% 消毒灵和 10% 石灰乳等消毒药彻底消毒，病畜的排泄物、流产的胎水、粪便及垫料等消毒后堆积发酵处理。

⑤加强检疫，对疫点内的牛每月检疫 1 次，淘汰处理阳性牛，使其逐步净化，成为健康牛群。

⑥定期接种，我国使用的接种菌苗有 3 种：布氏杆菌病猪型 2 号菌苗，牛口服接种 500 亿个活菌，保护期 2 年；布氏杆菌病羊型 5 号菌苗，牛皮下注射 250 亿个活菌，室内气雾免疫 250 亿个活菌，保护期 1 年；S19 号菌苗，多用于皮下注射，有保护作用。

（八）病毒性腹泻

1. 病因

牛病毒性腹泻（黏膜病）是由牛病毒性腹泻病毒引起的牛的接触性传染病，各种年龄的牛都易感染，以幼龄牛易感性最高。传染来源主要是病畜。病牛的分泌物、排泄物、血液和脾脏等都含有病毒。

2. 症状

发病时多数牛不表现临床症状，牛群中只见少数轻型病例。有时也引起全牛群突然发病。急性病牛，腹泻是特征性症状，可持续1~3周。粪便水样、恶臭，有大量黏液和气泡，体温升高达40~42℃。慢性病牛，出现间歇性腹泻，病程较长，一般2~5个月，表现消瘦、生长发育受阻，有的出现跛行。

3. 诊断

本病确诊须进行病毒分离，或进行血清中和试验及补体结合试验，实践中常用血清中和试验。

4. 治疗

本病目前尚无有效治疗和免疫方法，只有加强护理和对症疗法，增强机体抵抗力，促使病牛康复。可应用收敛剂和补液、补盐等对症治疗方法以减轻临床症状，投给抗生素和磺胺药防止继发感染。

五、牛的寄生虫病

(一) 焦虫病

1. 病因

焦虫病是经硬蜱传播的血液原虫病。其中巴贝斯科的双芽巴贝斯虫、牛巴贝斯虫、卵形巴贝斯虫，泰勒科的环形泰勒虫、瑟氏泰勒虫等均属于牛焦虫。

2. 症状

患牛体温发热达40~42℃，出现贫血和血红蛋白尿症状。虫体在红细胞内繁殖，破坏红细胞，出现溶血性贫血、黄疸、血红蛋白尿、营养障碍。

3. 诊断

检查粪便中的虫卵。

4. 治疗

春秋定期驱虫，加以防治。使用的药物有三氮咪（血虫净、贝尼尔）、咪唑苯脲、核黄素（盐酸吖啶黄）、阿卡普林（喹啉脲）等。

（二）蜱

1. 病因

蜱是牛体表寄生虫，也称扁虱、牛虱、壁虱、草爬子。常见的有硬蜱、软蜱。硬蜱呈红褐色，背腹扁平卵圆形，雄虫米粒大小，雌虫蓖麻大小。蜱的发育有4个阶段，即卵、幼虫、茧虫和成虫，后3个阶段生活在牛体上，以吸血为主。

2. 防治

灭蜱药物目前有拟除虫菊酯类杀虫剂、有机磷杀虫剂、脒基类杀虫剂。

（三）螨

1. 病因

螨病是一种接触传染的慢性皮肤病，又叫疥癣或癞病。可分类为疥螨、痒螨和足螨，其中，疥螨流行最广，危害最大。牛疥螨是一种寄生虫，近圆形，灰白色或浅黄色。

2. 症状

牛疥螨多发生在头部、眼眶，严重时可蔓延到全身。疥螨成雌虫寄生在宿主表皮内。疥螨的口器有挖掘宿主表皮隧道的功能，在皮下隧道中产卵。痒螨和足螨寄生在皮肤表面，发育期10～12 d。患牛精神萎靡，消瘦贫血，生产性能下降。

3. 诊断

刮取牛患部皮肤表面的皮屑，将白色皮屑放在黑色玻璃平面上，缓慢加热，观察到移动的灰白色小点便是爬动的螨；或将皮屑放在载玻片上，滴加少量甘油，在显微镜下观察，也可见到虫体。

4. 治疗

有效的防治方法是多透光、通风、干燥、卫生、消毒。治疗，首先是剪被毛，用肥皂水或煤酚皂液清洗皮肤，再用药物处理。药物可用2%敌百虫水溶液等浸涂皮肤患处，每天2次，连用3 d；或用石灰硫黄合剂（硫黄5份、生石灰6份、清水300份）涂抹患处，连用5 d；或注射伊维菌素针剂每千克体重100 μg，连续3次，每次间隔7 d时间。

（四）胃肠道蛔虫

胃肠道蛔虫的治疗，用蝇毒磷每天按每100 kg体重给0.2 g计算，拌入精料内，连服6 d为1个疗程，30 d后再用药1个疗程。

（五）肺线虫

肺线虫和其他胃肠寄生虫的治疗，用盐酸左旋咪唑按0.1%～0.8%拌料饲喂，可驱除肺部线虫；用噻苯咪唑每100 kg体重0.1 g用量，可驱除蛲虫、钩虫和蛔虫；用吩噻嗪每100 kg体重20～100 g用量，连用几天，可驱除捻转胃虫（血矛线虫）、小胃虫（棕色胃虫）、毛蠕虫、毛圆线虫、结节虫、夏柏特虫等。对钩虫类寄生虫，药量加倍，但最多不超过每100 kg体重160 g用量。

寄生虫的种类很多，防治时要注意以下事项。

①4～6月龄犊牛可投药物有盐酸左旋咪唑、噻苯咪唑等。

②对空怀母牛投药，应在配种前1个月最后一次投药。

③产犊后20 d的母牛一般只能用蝇毒磷治疗，泌乳期奶牛不能用咪唑类药物。

④移地育肥的牛，要在开始育肥前10 d驱虫，同一批牛要同时投药，并清除粪便，厩肥发酵处理。

⑤对集约化饲养或高密度饲养的牛群，每隔1个月重复驱虫1次。

⑥从放牧转入舍饲期的牛，要普遍驱虫。

思考题

1. 简述育成牛的饲养管理与初次配种。

2. 简述常乳期犊牛的饲养。

第三章 牛场经营管理

第一节 牛场生产计划的编制

为了提高效益，减少浪费，各牛场均应有生产计划。制订生产计划，首先要考虑完成生产任务，而后考虑力争超额并提前完成生产指标和提高产品质量。牛场生产计划主要包括：配种产犊计划、牛群周转计划、产奶计划和饲料供应计划。

一、配种产犊计划的编制

配种和产犊是牛生产的重要环节，奶牛没有产犊也就没有产奶。配种产犊计划是牛场年度生产计划的重要组成部分，是完成牛场繁殖、育种和产奶任务的重要措施和基本保证。同时，配种产犊计划又是制订牛群周转计划、牛群产奶计划和饲料供应计划的重要依据。

(一) 编制计划的必备资料

①上年度经产、初产、初配母牛最后一次实际配种日期和产后未配种的经产、初产母牛的产犊日期，查出各月份配种妊娠牛的头数，即上年度母牛分娩、配种记录。

②上年度的育成母牛出生日期、月龄及发育等情况，即前年和上年度所生的育成母牛的出生日期记录。

③本牛场配种产犊类型及历年的牛群配种繁殖成绩。

④计划年度内预计淘汰的成母牛和育成母牛的头数和时间。

⑤上年度繁殖母牛的年龄、胎次、营养、健康、繁殖性能等情况。

⑥当地气候特点、饲料供应、鲜奶销售情况及本场牛舍建筑设备情况，特别是产房与犊培育设施等方面的条件。

（二）确定与编制计划有关的规定与原则

①经产、初产母牛产犊后的配种时期。

②育成母牛的初配年龄和其他有关规定。

③牛只淘汰原则和标准。（如凡年龄超过 10 产，305d 产奶量低于 4 500kg，患有严重乳房疾病、生殖疾病而又屡治无效的牛只均加以淘汰。）

④牛群的情期受胎率、配种受胎率、情期发情率、流产死胎率与犊牛成活率等。

二、牛群周转计划的编制

在一年中，由于犊牛的出生、后备牛的生长发育和转群、各类牛的淘汰和死亡以及牛只的买进、卖出等，致使牛群结构不断发生变化。在一定时期内，牛群结构的这种增减变化称为牛群周转。牛群周转计划是牛场的再生产计划，是指导全场生产，编制饲料供应计划、牛群产奶计划、劳动力需要计划和各项基本建设计划的重要依据。

（一）编制计划必备的资料

①上年度年末各类奶牛的实有头数、年龄、胎次、生产性能及健康状况。

②计划年度内牛群配种产犊计划。

③计划年度淘汰、出售或购进的牛只数量及计划年度末各类牛要达到的头数和生产水平。

④历年本场牛群繁殖成绩，犊牛、育成牛的成活率，成母牛死亡率及淘汰标准。

⑤明确牛场的生产方向、经营方针和生产任务。

⑥了解牛场的基建及设备条件、劳动力配备及饲料供应情况。

（二）确定与编制计划有关的规定与原则

一般来说，母牛可供繁殖使用10年左右。成年母牛的正常淘汰率为10%，外加低产牛、疾病牛淘汰率5%，年淘汰率在15%左右。所以，一般牛场的牛群组成比例为：成年牛58%～65%，18月龄以上青年母牛16%～18%，12～18月龄育成母牛6%～7%，6～12月龄育成牛7%～8%，犊牛8%～9%。牛群结构是通过严格合理选留后备牛和淘汰劣等牛达到的，一般后备牛经6月龄、12月龄、配种前、18月龄等多次选择，每次按一定的淘汰率如10%选留，有计划地培育和创造优良牛群。

成年母牛群的内部结构，一般为一、二产母牛占成年母牛群的35%～40%，三至五产母牛占40%～45%，六产以上母牛占15%～20%，牛群平均胎次为3.5～4.0胎（年末成年母牛总胎数与年末成年母牛总头数之比）。常年均衡供应鲜奶的牛场，成年母牛群中产奶牛和干奶牛也有一定的比例关系，通常全年保持80%左右处于产乳，20%左右处于干乳。

三、饲料供应计划的编制

饲料是养牛生产的基础，编制饲料计划，是安排饲料生产、组织饲料采购的依据。规模较大的牛场，除年度计划外，应分别按季节或按月份制订饲料计划，以保证饲料的均衡供应。饲料计划主要包括饲料需要量计划和饲料供需平衡计划两部分。

先计算出饲料需要量，然后与饲料供应量进行平衡。

（一）饲料供给计划的编制依据

①饲料需要量计划与牛群发展计划相适应。

②根据日粮科学配合的要求，按饲料的种类，分别计划各种饲料的需要量。

③利用牛场周围的自然资源，安排廉价丰富的饲料种植，建立饲料基地。

④根据市场可供应饲料量，安排饲料采购渠道和数量。

⑤应根据牛群周转计划（明确每个时期各类牛的饲养头数）和各类牛群饲料定额等计划，制订饲料计划，安排种植计划和饲料备计划（表3－1）。

表3－1　饲料供给计划表

类别	平均饲养头数/头	年饲养头日数/日	精饲料/kg	粗饲料/kg	青贮料/kg	青绿多汁料/kg	矿物质/kg	牛奶/kg
成年公牛								
成年母牛								
青年公牛								
青年母牛								
犊公牛								
犊母牛								
总计								
计划量								

注：全年平均饲养头数（成年母牛、育成牛，犊牛）＝全年饲养头日数/365；全年各类牛群的年饲养头日数＝全年平均饲养头数×全年饲养日数；饲料需要量“计划量”是年需要量加上估计年损耗量，一般有5%～10%的损耗精饲料和矿物质饲料按照5%计算，粗饲料、青贮、青绿多汁饲料的损耗按照10%计算

（二）饲料供应计划的编制

（1）粗饲料供应计划

青贮玉米：成年母牛采食量25kg/（头·d），育成牛采食量15kg/（头·d），犊牛采食量5kg/（头·d）。

青贮玉米月供应量=（成年牛日采食量×成母牛头数+育成牛日采食量×育成牛头数+犊牛日采食量×犊牛头数）×30d

通过以上计算公式可得出月供应量，然后乘以12便可得出青贮玉米年供应量。

干草：成年母牛采食量5kg/（头·d），育成牛采食量3kg/（头·d），犊牛采食量1.5kg/（头·d）。干草年供应量计算方法同青贮玉米。

（2）精饲料供应计划

混合精饲料月供应量=［育成牛基础料量3kg×育成牛数量+（成母牛基础料量3kg×上年度奶牛头日产奶量/奶料系数比）×成年母牛数量］×30d

奶料系数比为3，即每产3kg奶增加1kg精料。得出的月供应量乘以12可得出年供应量。混合精料中的各种饲料供应量，可按混合精料配方中占有的比例计算。例如，成年母牛混合精料的配合比例为玉米50%、豆饼或豆粕34%、麦麸12%、矿物质饲料3%、添加剂预混料1%，则混合精料中各种饲料供应量为：

玉米供应量=混合精料供应量×50%

豆饼供应量=混合精料供应量×34%

麦麸供应量=混合精料供应量×12%

添加剂预混料供应量=混合精料供应量×1%

矿物质饲料一般按混合精料量的3%～5%供应。

第二节　牛场生产岗位生产定额管理

牛生产中制订科学、合理的生产定额至关重要。如果生产定额不能正确反映牛场的技术和管理水平，它就会失去意义。定额偏低，用以制订的计划，不仅是保守的，而且会造成人力、物力及财力的浪费；定额偏高，制订的计划是脱离实际的，也是不能实现的，且影响员工的生产积极性。

一、牛生产定额

牛场计划中的定额种类很多，劳动定额、人员配备定额、饲料贮备定额、机械设备定额、物资贮备定额、产品定额、财务定额等。

（一）人员配备定额

1. 牛场人员组成

牛场人员由管理人员、技术人员、生产人员、后勤及服务人员等组成。包括场长、畜牧人员、兽医人员、人工授精员、统计员、会计、出纳、饲养员、挤奶员、饲料加工人员、奶处理人员、锅炉工、夜班工、司机、维修工、仓库管理、食堂及服务人员等。

2. 人员配备定额

某规模为1 000头的牛场，其中成年母牛600头，拴系式饲养，管道式机械挤奶，平均单产7 500kg，需要59人。其人员配备为：管理5人（其中，场长1人、生产主管2人、会计1人、出纳1人）占8.5%；技术人员5人（其中，人工授精员2人、畜牧1人、兽医2人）占8.5%；直接生产人员39人（其中饲养员 9 人、挤奶员 14 人、清洁工 7 人、接产员 2 人、饲料加工及运送 5 人、夜班 2 人）占 66.1%；间接生产人员 10 人（其中，机修 2 人、仓库管理 1 人、锅炉工 2 人、保安 2 人、洗涤 3 人）占 16.9%。

另一规模为 2 400 头的牛场，其中，成年母牛 1 600 头，散放式饲养，挤奶厅机械挤奶，传统饲喂方式，平均单产 6 500kg，需 110 人。其人员配备为：管理 7 人（其中，场长 1 人、场长助理 1 人、生产主管 2 人、行政主管 1 人、会计 1 人、出纳 1 人）占 6.4%；技术人员 14 人（其中，人工授精员 6 人、畜牧 2 人、兽医 6 人）占 12.7%；直接生产人员 77 人（其中，饲养员 22 人、挤奶员 22 人、清洁工 20 人、接产员 3 人、饲料加工及运送 8 人、夜班 2 人）占 70%；间接生产人员 12 人（其中，机修 3 人、仓库管理 1 人、锅炉工 2 人、保安 3 人、洗涤 3 人）占 10.9%。

每个牛场均应根据各自的实际情况，合理制订定额，配备人员，提高劳动生产效率。

3. 定员计算方法

牛场对牛应该实行分群、分舍、分组管理，定群、定舍、定员。分群是按牛的年龄和饲养管理特点，分为成年母牛群、育成牛群和犊牛群等；分舍是根据牛舍床位，分舍饲养；分组是根据牛群头数和牛舍床位，分成若干组。然后根据人均饲养定额配备人员。其他人员则根据全年任务、工作需要和定额配备。

（二）饲料消耗定额

饲料消耗定额是生产单位重量牛奶或增重所规定的饲料消耗标准，是确定饲料需要量、合理利用饲料、节约饲料和实行经济核算的重要依据。

1. 饲料消耗定额的制订方法

奶牛维持和生产产品，需要从饲料中摄取营养物质。由于奶牛品种、性别和年龄、生长发育阶段及体重不同，其营养需要量亦不同。因此，在制订不同类别奶牛的饲料消耗定额时，首先应查找其饲养标准中对各种营养成分的需要量，参照不同饲料的营养价值确定日粮的配给量；再以日粮的配给量为基础，计算不同饲料在日粮中的占有量；最后再根据占有量和牛的年饲养头数，即可计算出年饲料的消耗定额。由于各种饲料在实际饲喂时都有一定的损耗，所以还需要加上一定的损耗量。

2. 饲料消耗定额

一般情况下，奶牛每头每天平均需 5kg 优质干草，鲜玉米（秸）青贮 25kg；育成牛每头每天平均需干草 3kg. 玉米青贮 20kg。成母牛精饲料除按 2. 5 ~ 3. 5kg 奶给 1kg 精饲料外，每头每天还需加基础料 2kg；怀孕青年母牛平均每头每天 2. 5 ~ 3kg 精料；育成牛为 2. 5kg；犊牛为 1. 5kg。

（三）成本定额

成本定额通常指生产单位奶量或增重所消耗的生产资料和所付的劳动报酬的总和，其包括各龄母牛群的饲养日成本和牛奶单位成本。

牛群饲养日成本等于牛群饲养费用除以牛群饲养头日数。牛群饲养费定额，即构成饲养日成本各项费用定额之和。牛群和产品的成本项目包括：工资和福利费、饲料费、燃料费和动力费、医药费、牛群摊销、固定资产折旧费、固定资产修理费、低值易耗品费、其他直接费用、共同生产费、企业管理费等。这些费用定额的制订，可参照历年的实际费用、当年的生产条件和计划。

二、劳动定额

劳动定额是在一定生产技术和组织条件下，为生产一定的合格产品或完成一定的工作量所规定的必要劳动消耗量，是计算产量、成本、劳动生产率等各项经济指标和编制生产、成本和劳动等项计划的基础依据。牛场应根据不同的劳动作业、每个人的劳动能力和技术熟练程度，机械化、自动化水平以及其他设备条件，规定适宜的劳动定额。

（一）配种

定额200～250头，人工授精。按配种计划适时配种，保证受胎率在96%以上，受胎母牛平均使用冻精不超过3.5粒（支）。

（二）兽医

定额200～250头，手工操作。检疫、治疗、接产、医药和器械的购买和保管、修蹄、牛舍消毒等。

（三）挤奶工

负责挤奶、清扫卫生、护理奶牛乳房以及协助观察母牛发情等工作，每天挤3次奶。手工挤奶每人可管理10头泌奶牛；管道式机械挤奶每人可管理30～40头；挤奶厅机械挤奶每人可管理60～80头。

（四）饲养工

负责饲喂，饲槽、牛床的清洁卫生，牛体刷拭以及观察牛只的食欲。成年母牛每人可管理50～60头；犊牛2月龄断奶，哺乳量300kg，成活率不低于95%，日增重700～750g，每人可管理35~40头；育成牛，日增重700~800g，14~16月龄体重达360~380kg，每人可管理60~70头。

（五）清洁工

负责拾运运动场粪尿以及周围环境的卫生。每人可管理各类牛120~150头。

（六）围产期奶牛

每人定额18~20头，负责围产期母牛的饲养、清洁卫生、接产以及挤奶工作。

（七）饲料加工供应

定额120~150头，手工和机械操作相结合。饲料称重入库，加工粉碎，清除异物，配制混合，按需要供应各牛舍等。

第三节　各岗位责任管理制度的制订

一、岗位设置

牛场生产经营所需要的员工种类及数量依牛场规模、饲养方式、机械化程度、人员的熟练程度而定，规模化牛场的员工，一般包括以下几类。

管理人员：场长、生产主管、文秘等。

技术人员：畜牧、兽医、人工授精、统计等。

财务人员：会计、出纳。

生产人员：饲养员、挤奶员、饲料加工调制人员、机械维修工、清粪工、清洁消毒工等；如果有饲料基地，还包括从事农业生产的人员。

后勤人员：司机、保管、采购、保安等。

不同岗位的人员大部分是通过招聘方式满足需要的，招聘挤奶人员时要求核对是否有健康证明，其他员工根据岗位特点有不同要求，聘用从业人员要符合国家法规条例，签订劳动合同，约定雇佣双方的义务，并相应安排3~6个月的试用期。

二、各岗位责任管理制度的制订

（一）工作目标

责任制是在生产计划的指导下，以提高经济效益为目的，实行责、权、利相结合的生产经营管理制度。建立健全养牛生产岗位责任制是加强牛场经营管理、提高生产管理水平、调动职工生产积极性的有效措施，是办好牛场的重要环节。

牛场生产责任制的形式可因地制宜，可以承包到牛舍（车间）、班组或个人，实行大包干；也可以实行目标管理，超产奖励。如“五定一奖”责任制：一定饲养量，根据牛的种类、产量等，固定每人饲管牛的头数、做到定牛、定栏；二定产量，确定每组牛的产乳、产犊、犊牛成活率、后备牛增重指标；三定饲料，确定每组牛的饲料供应定额；四定肥料，确定每组牛垫草和积肥数量；五定报酬，根据饲养量、劳动强度和完成包产指标的情况，确定合理的劳动报酬，超产奖励、减产赔偿；一奖，牛群产奶量超过年度计划产奶量则对员工重奖。实行目标管理应注意工作定额的制订要科学合理，真正做到责、权、利相结合。

在养牛生产的过程中，要想获得理想的经济效益，品种的选用是前提，营养环境是基础，疾病防治是保障，经营管理是关键。因此，牛场的经营者在注意解决技术问题的同时，还必须抓好牛场的经营管理，要善于进行成本分析，并不断谋求成本最小化，从而以最少的投入获取最大的经济效益、社会效益和生态效益。其核心包括以下几部分。

1. 规模化牛场标准化经营管理模式的建立

牛场经营管理制度包括组织机构和人力资源的合理配置、组织系统岗位描述及作业指导书的编制、企业战略规划及年度计划的制订、牛场标准化行政管理制度汇编、牛场成本核算体系及财务报表系统的建立、目标管理及考核系统的建立、薪资绩效管理、员工激励制度的制订、企业文化建设及员工培训等。

2. 规模化牛场生产管理制度

规模化牛场生产管理制度包括牛场卫生消毒及牛群防疫检疫制度、牛场物流管理制度、采购计划管理制度、牛场作息及考勤管理制度、牛奶卫生管理制度、设备管理制度、安全生产管理制度、生产报表管理系统等制度的建立。

3. 饲养管理技术及其管理制度

牛场饲养管理工艺流程设计、各类牛群饲养管理操作规程(产房、犊牛、育成牛、青年牛、成年母牛)、牛群日粮配方编制技术及其管理制度、饲草料加工技术及配送流程管理、生产技术资料档案管理系统的建立、饲草饲料管理制度。

4. 繁殖、育种技术管理

繁殖、育种技术包括牛场育种规划及选配选育制度、繁育指标系统的建立及考核激励制度、常规繁殖技术及管理制度(发情鉴定、冻精管理、冷配技术、妊检技术、助产技术、产后监控及恢复)、繁殖新技术服务或培训（胚胎生产、胚胎移植、胚胎分割、性别鉴定、B超技术)、繁殖疾病防治技术（发情周期异常、屡配不孕、流产、难产、胎衣不下、子宫内膜炎等)、育种及繁殖资料档案管理系统建立。

5. 疫病防治技术管理

疫病防治技术包括传染病防治综合措施及管理制度、奶牛乳房卫生保健综合措施及管理制度、肢蹄病控制、代谢病监控、普通病诊治技术、疫病资料档案管理系统的建立。

(二) 工作任务

牛场的所有工作岗位都应制订相应的岗位职责，主要工作人员的岗位职责如下。

1. 牛场场长（经理）主要职责

①制订牛场的基本管理制度，参与并协助债权人决定牛场的经营计划、市场定位及长远发展计划，审查生产基本建设和投资计划，制订牛场的年度预算方案、决算方案、利润分配方案以及弥补亏损方案。

②按照本场的自然资源、生产条件以及市场需求，组织畜牧技术人员制订全场各项规章制度、技术操作规程、生产年度计划，掌握生产进度，提出增产措施和育种方案。

③负责全场员工的任免、调动、升级、奖惩，决定牛场员工的工资和奖励分配。

④负责召集员工会议，向员工和上级主管汇报工作，并自觉接受员工和上级主管的监督和检查。

⑤订立合同，对外签订经济合同，负责向债权人提供牛场经营情况和财务状况。

⑥遵守国家法律、法规和政策，依法纳税，服从国家有关机关的监督管理。

⑦负责检查全场各项规章制度、技术操作规程、生产计划的执行情况，对于违反规章、规程和不符合技术要求的行为有

权制止和纠正。

⑧负责制订本场消毒防疫检疫制度和制订免疫程序，并进行总监督，对于生产中的重大事故，要负责做出结论，并承担应负的责任。在发生传染病时，负责根据有关规定封锁或扑杀病牛。

⑨组织技术经验交流、技术培训和科学试验工作。

2. 畜牧技术人员的主要职责

①根据牛场生产任务和饲料条件，拟订牛只生产计划。

②制订各类牛只更新淘汰、产犊和出售以及牛群周转计划。

③按照各项畜牧技术规程，拟订奶牛的饲料配方和饲喂定额。

④制订育种和选种选配方案，组织力量进行牛只体况评分和体型线性评定。

⑤负责牛场的日常畜牧技术操作和牛群生产管理，对生产中出现的畜牧技术事故，要及时报告，并组织相关技术人员及时处理。

⑥配合场长（经理）制订、督促、检查各种生产操作规程和岗位责任制贯彻执行情况。

⑦总结本场的畜牧技术经验，传授科技知识，填写牛群档案和各项技术记录，并进行统计整理。

3. 人工授精员的职责

①每年末制订翌年的逐月配种繁殖计划，每月末制订下月的逐日配种计划，同时参与制订选配计划。

②负责牛只发情鉴定、人工授精（胚胎移植)、妊娠诊断、生殖道疾病和不孕症的防治、以及奶牛进出产房的管理等。经常注意液氮存量，做好奶牛精液（胚胎）的保管和采购工作。

③及时填写发情记录、配种记录、妊娠检查记录、流产记录、产犊记录、生殖道疾病治疗记录、繁殖卡片等。按时整理、分析各种繁殖技术资料，并及时、如实上报。

④普及奶牛繁殖知识，掌握科技信息，推广先进技术和经验。

4. 兽医的职责

①负责牛群的卫生保健、疾病监控和治疗，贯彻防疫制度，制订医药和器械购置计划；每天巡视牛群，发现问题及时处理，填写病历和有关报表。

②认真细致地进行疾病诊治，充分利用化验室提供的科学数据。遇疑难病例及时汇报。组织力量检修牛蹄，监测乳房炎，检查蹄浴情况。

③普及奶牛卫生保健知识，提高员工素质，开展科研工作，推广应用先进技术。

④兽医应配合畜牧技术人员，共同搞好牛群饲养管理工作，减少发病率。

5. 饲养员的职责

①按照各类牛饲料定额，定时、定量顺序饲喂，少喂勤添，让牛吃饱、吃好。

②熟悉牛只情况，做到高产牛、头胎牛、体况瘦的牛多喂；低产牛、肥胖牛少喂；围产期牛及病牛细心饲喂，不同情况区别对待。

③细心观察牛只食欲、精神和粪便情况，发现异常及时汇报，并协助配种员做好牛只发情鉴定。

④节约饲料，减少浪费，并根据实际情况，对饲料的配方、定额、采食情况及饲料质量及时向技术人员提出意见和建议。

⑤每次饲喂前应做好饲槽的清洗卫生工作，以保证饲料新鲜，增加牛只采食量。

⑥负责牛体、牛舍的清洁卫生，经常刷拭牛体，做好后备牛调教工作。

⑦保管、使用喂料车和工具，节约水电，并做好交接班工作。

6. 挤奶员的职责

①熟悉所管的牛只，遵守操作规程，定时按顺序挤奶，不得擅自提前或滞后挤奶或提早结束挤奶。

②挤奶前应检查挤奶器、挤奶桶、纱布等有关用具是否清洁、齐全，真空泵压力和脉动频率是否符合要求，脉动器声音是否正常等。

③做好挤奶卫生工作，并按挤奶操作要求，热敷按摩乳房，检查乳房并挤掉第一、二把奶，发现乳房异常及时报告兽医，做好乳头药浴，及时更换药液。

④含有抗生素的奶以及乳腺炎的奶应单独存放，另做处理，不得混入正常奶中。

⑤挤奶机器要定期清洗及维护。

7. 清洁工的职责

①负责牛舍内外的清洁工作，做到“三勤”，即勤走、勤看、勤扫；注意观察牛只的排泄物及分泌物，发现异常及时汇报。

②牛粪以及被污染的垫草要及时清除，以保持牛体和牛床的清洁。

③牛床以及粪尿沟内不准堆积牛粪和污水，及时清除运动场的粪尿，以保持清洁、干燥。

三、饲养管理制度

对养牛生产的各个环节，提出基本要求，制订简明的养牛生产技术操作规程。制订操作规程前，应先了解牛场的生产过程，对各个生产环节应反复研究，同时要根据工人的技术水平、牛场的设备条件等。在制订操作规程时，既要吸取工人的工作经验，又要坚持以科学理论为依据。制订的规程要符合实际，切实可行，根据发展情况，每年做适当的增减。养牛生产技术操作规程是各项制度的核心，它主要包括：成年奶牛饲养管理操作规程、犊牛及育成牛的饲养管理操作规程、防疫卫生的操作规程、人工授精操作规程、牛乳处理室的操作规程、饲料加工室的操作规程等。

思考题

1. 简述确定与编制牛生产计划有关的规定与原则。
2. 简述牛场各岗位责任管理制度的制订。

三、饲养管理制度

对养牛生产的各个环节，提出基本要求，制订简明的养牛生产技术操作规程。制订操作规程前，应先了解牛场的生产过程，对各个生产环节应反复研究，同时要根据工人的技术水平、牛场的设备条件等。在制订操作规程时，既要吸取工人的工作经验，又要坚持以科学理论为依据。制订的规程要符合实际，切实可行，根据发展情况，每年做适当的增减。养牛生产技术操作规程是各项制度的核心，它主要包括：成年奶牛饲养管理操作规程，犊牛及育成牛的饲养管理操作规程，防疫卫生的操作规程，人工授精操作规程，牛乳处理室的操作规程，饲料加工室的操作规程等。

思考题

1. 简述确定与编制牛生产计划有关的规定与原则。
2. 简述牛场各岗位责任管理制度的制订。

模块二

羊规模化生产技术

第四章　羊生产筹划

第一节　羊的品种识别

一、羊的分类

（一）绵羊的分类

1. 根据绵羊所产羊毛类型划分

根据绵羊所产羊毛类型的不同，可将绵羊品种分为六大类。

（1）细毛型品种　如澳洲美利奴羊等。

（2）长毛型品种　如林肯羊、罗姆尼羊等。

（3）中毛型品种　如萨福克羊等。

（4）地毯毛型品种　如黑面高原羊等。

（5）羔皮用型品种　如卡拉库尔羊等。

（6）裘皮用型品种　如滩羊。

2. 根据绵羊的生产方向划分

根据绵羊的生产方向不同，可将绵羊品种分为八大类。

（1）细毛羊　如澳洲美利奴羊等。

（2）半细毛羊　如林肯羊、罗姆尼羊等。

（3）肉用羊　如萨福克羊等。

（4）裘皮羊　如滩羊等。

(5) 羔皮羊　如卡拉库尔羊等。

(6) 肉脂羊　如小尾寒羊等。

(7) 粗毛羊　如西藏羊、哈萨克羊等。

(8) 乳用羊　如东弗里生羊。

(二) 山羊的分类

世界上山羊品种有150多个，虽分类方法各有不同，但基本上都是按山羊的生产方向来分类的。一般可把山羊分为六大类。

(1) 绒用型山羊　如辽宁绒山羊等。

(2) 毛皮用型山羊　如济宁青山羊、中卫山羊等。

(3) 肉用型山羊　如布尔山羊、南江黄羊等。

(4) 毛用型山羊　如安哥拉山羊等。

(5) 奶用型山羊　如萨能奶山羊、关中奶山羊等。

(6) 普通型山羊　如西藏山羊、新疆山羊等。

二、绵羊品种

(一) 国内主要品种

1. 中国美利奴羊

(1) 原产地及其分布　中国美利奴羊是我国1972—1985年在新疆的巩乃斯羊场、紫泥泉种羊场、内蒙古的嘎达苏种畜场和吉林的查干花种畜场联合育成的。父本为澳洲美利奴羊，属细毛型，体型结构良好，体重90 kg以上，净毛量为8 kg以上，净毛率为50%以上，毛长11 cm以上，4个育种场的基础母羊分别是波尔华斯羊、新疆细毛羊、波新一代及军垦细毛羊，采用级进杂交方法，主要从第二、三代中选择的理想型个体经横交固定，严格选留，精心培育而成。中国美利奴羊有4个类型，分别为新疆型、军垦型、吉林型和科尔沁型，主要分布在我国的新疆维吾尔自治区、内蒙古自治区、吉林等羊毛主产区。

（2）外貌特征　体型呈长方形，头毛较长，着生至眼线，外形似帽状，前肢细毛到腕关节，后肢至飞节，公羊有螺旋形角，颈部有1~2个横皱褶，被毛密度大，毛长，白色，具明显的大中弯曲。

（3）生产性能　中国美利奴羊剪毛后母羊体重为45.84kg，剪毛量为7.12 kg，净毛率为60.87%，毛长10.48 cm，细度为22μm，单纤维强度为8.4 g以上，伸度46%以上，卷曲弹性率为92%以上，接近进口的56型澳毛，遗传性能稳定，与各地细毛羊杂交改良的效果良好。

2. 新疆细毛羊

（1）原产地及其分布　1934年用高加索羊和泊列考斯羊等品种与哈萨克羊和蒙古羊杂交。经长期选育，于1954年由农业部批准并命名为“新疆毛肉兼用细毛羊”，是我国育成的第一个细毛羊品种。目前仅在新疆就有纯种羊238万多只。

（2）外貌特征　新疆细毛羊体质结实，结构匀称。公羊鼻梁微有隆起，有螺旋形角，颈部有1~2个皱褶；母羊鼻梁呈直线，无角或只有小角，颈部有一个横皱褶或发达的纵皱褶。羊体覆白色的同质毛，成年公羊体高75.3 cm，母羊体高65.9 cm，体长分别为81.9 cm、72.6 cm，胸围分别为101.7 cm、867 cm。

（3）生产性能　新疆细毛羊剪毛后体重：公羊88.01kg，母羊48.6 kg。剪毛量：公羊11.57 kg，母羊5.24 kg。净毛率为48.06%~51.53%，产羔率为130%左右，屠宰率为49.47%~51.39%。新疆细毛羊耐粗放管理，增膘快，生活力强，能够适应严峻的气候条件，冬季扒雪采食，夏季可进行高山放牧。

3. 东北细毛羊

(1) 原产地及其分布　东北细毛羊是我国1948—1967年育成的第二个细毛羊品种，是由兰布列羊与蒙古羊的杂种后代和苏联美利奴、斯塔夫罗波尔、高加索、阿斯卡尼等品种的公羊进行杂交选育而成的，于1967年被命名为“东北细毛羊”。现有羊只197万只以上。

(2) 外貌特征　东北细毛羊体质结实，结构匀称，体躯长，后躯丰满，肢势端正。公羊有螺旋形角，颈部有1～2个横皱褶，母羊无角，颈部有发达的纵皱褶；被毛白色，毛丛结构良好；弯曲正常，油汗适中。成年公羊体高74.3 cm，母羊体高67.5 cm；体长分别为80.6 cm和72.3 cm；胸围分别为105.3cm和95.5 cm。

(3) 生产性能　东北细毛羊剪毛后公羊体重为83.66 kg，母羊为45.03 kg。公羊剪毛量为13.44 kg，母羊为6.10 kg。净毛率为35%～40%；公羊毛长9.33 cm，母羊毛长7.37 cm。产羔率为125%，屠宰率为38.8%～52.4%。

4. 内蒙古细毛羊

(1) 原产地及其分布　内蒙古细毛羊是在1976年8月，经内蒙古自治区人民政府批准命名的。

(2) 外貌特征　内蒙古细毛羊体质结实，结构匀称，公羊多为螺旋角，颈部有1～2个横皱褶；母羊无角，颈部有发达的纵皱褶。公羊体高77.7 cm，母羊65.2 cm；公羊体长79.5 cm，母羊70.3 cm；公羊胸围为112.4 cm，母羊92.1 cm。

(3) 生产性能　内蒙古细毛羊剪毛后公羊体重为91.4kg，母羊45.9kg。公羊剪毛量为11.0kg，母羊5.5 kg。净毛率为36%～45%。公羊毛长8～9 cm，母羊7.2 cm。产羔率为

110% ~125%，屠宰率为44.1% ~48.4%。内蒙古细毛羊是典型的干旱寒冷草原地区大群放牧的品种，游牧力强，在 -40℃和积雪20 cm的环境下仍能扒雪吃草。

5. 凉山半细毛羊

（1）原产地及其分布 凉山半细毛羊是在凉山彝族自治州原有细毛羊与本地山谷型藏羊杂交改良的基础上，引进国外良种半细毛羊——边区莱斯特羊和林肯羊与之进行复杂杂交，于1997年培育成的，羊毛细度为48 ~50支的粗档半细毛羊品种。本品种的育成结束了我国没有自己培育的粗档半细毛羊品种的历史。凉山半细毛羊具有较强的适应性，在我国南方中、高山，海拔2 000 m的温暖湿润型农区和半农半牧区可进行放牧饲养或半放牧半舍饲饲养。本品种目前主要集中在四川省凉山彝族自治州昭觉县、金阳县、布拖县等种羊场和育种场以及广大农村。

（2）外貌特征 凉山半细毛羊公母羊均无角，前额有一小撮绺毛，体质结实，胸部宽深，四肢坚实，具有良好的肉用体型。被毛白色同质，毛光泽强，匀度好，羊毛呈较大波浪形辫型毛丛结构，腹毛着生良好。

（3）生产性能 凉山半细毛羊成年公羊体重可达80kg以上，母羊45 kg以上。剪毛量公羊为6.5 kg，母羊为4.0 kg。羊毛长13 ~15 cm，羊毛细度48 ~50支，净毛率为66.7%。育肥性能好，6 ~8 月龄肥羔胴体重可达30 ~33 kg，屠宰率为50.7%。

6. 中国卡拉库尔羊

（1）原产地及其分布 中国卡拉库尔羊主要分布在新疆维吾尔自治区、内蒙古自治区等地，目前有130万只以上，是从1951年开始用卡拉库尔羊为父系，库车羊、哈萨克羊及蒙古羊为母系，采用级进杂交的方法培育而成的。

(2) 外貌特征　中国卡拉库尔羊头稍长，鼻梁隆起，耳大下垂，公羊多数有角，螺旋形向两侧伸出，母羊多数无角。颈中等长，胸深、体宽、尻斜、四肢结实，尾基部宽大，尾尖呈“S”状弯曲，下垂至飞节，毛色主要呈黑色，灰色和彩色数量较少。黑色羊羔成年后由黑变褐最后成灰白色；灰色羊羔，成年后变成白色；彩色羊羔成年后变成棕白色，但头、四肢、腹部及尾尖的毛色终生不变。公羊体高 74.3 cm，母羊 66.0 cm；公羊体长 79.2 cm，母羊 73.5 cm；公羊胸围 91.6 cm，母羊 84.9 cm。

(3) 生产性能　中国卡拉库尔羊公羊初生重 4.5 kg，母羊 3.9 kg；成年重：公羊 77.3 kg，母羊 46.3 kg。羔皮（生后 2 d 以内屠宰剥皮）光泽正常或强丝光性，毛卷多以平轴卷、鬣形卷为主。99% 为黑色，极少数为灰色和苏尔色。羔皮低劣者可在生后 1 月龄剥皮（二毛皮），光泽好，毛穗清晰、耐磨、耐穿、美观，是制裘皮的好原料。产羔率为 105% ~115%。

7. 乌珠穆沁羊

(1) 原产地及其分布　乌珠穆沁羊产于内蒙古乌珠穆沁草原，目前数量约 100 万只，是我国古老三大粗毛羊之一的蒙古羊的典型代表和优良类群，国家重点保种群体。

(2) 外貌特征　耳大而下垂，体格高大，体躯长，背腰宽，肌肉丰满，后躯发育良好，肉用体型比较明显。白毛占 10% 左右，白毛黑头占 62% 左右，杂毛者占 11%。毛被由多种纤类型组成。

(3) 生产性能　裘皮、皮板厚而结实，保暖，羊毛柔软，多为半环形花卷，牧民称为“乌珠尔”皮，羔皮是制皮袍的好材料。公羊初生重 4.58 kg，母羊 3.82 kg；6 ~7 月龄公羊体重

39.6kg，母羊 35.9 kg；成年公羊体重 74.43 kg，母羊 57.4 kg，羯羊 73.0 kg；屠宰率 58.4%，净肉率 37.8%，尾及内脏脂肪重 8.3 kg。产羔率 100.2%。

8. 欧拉型西藏羊

（1）原产地及其分布　欧拉羊是我国古老的三大粗毛羊之一的西藏羊的典型代表和优秀类群，主要分布在甘肃省甘南藏族自治州的欧拉乡及毗连的大部分地区，目前约 70 万只以上，是国家重点保种类型。

（2）外貌特征　欧拉羊体格大，被毛杂色、白色和黑色，呈毛辫结构。公母均有角，公羊角呈螺旋状向上向外弯曲；头呈三角形，鼻梁隆起，四肢高长，体躯呈矩形；尾为楔形小尾，长 12 ~ 15 cm，被毛由混型毛组成。

（3）生产性能　欧拉羊公羊体重 75.85kg，母羊 58.51 kg，成年羯羊屠宰率 49.14% ~ 52.77%。公羊剪毛量 1.11 kg，母羊 0.93 kg，净毛率 70%，毛辫自然长度 11.77 cm。耐寒、耐粗饲，善于游牧，合群性好。繁殖率较低，1 年 1 胎，1 胎 1 只。

9. 阿勒泰羊

（1）原产地及其分布　阿勒泰羊分布于新疆维吾尔自治区的哈萨克民族的聚居地区——阿勒泰等地，是我国三大粗毛羊之一的哈萨克羊中的典型代表和优秀类群，目前有 129 万只以上，是国家目前重点保种对象。

（2）外貌特征　阿勒泰羊鼻梁稍隆起，耳大下垂，公羊有较大的螺旋角，母羊多数有角。肌肉发育良好，后躯高，臀部丰满，四肢高大结实。沉积在尾椎附近的脂肪成方圆的“臀脂”。被毛以棕红为主，有纯黑、纯白或白体黄、黑头者。成年公羊体高 76.32 cm，母羊 71.56 cm；公羊体长 77.65 cm，母羊

74.18 cm；公羊胸围101.43 cm，母羊94.77 cm。

（3）生产性能　阿勒泰羊体格大，肉脂生产性能良好。公羊初生重5.0～5.4 kg，母羊4.5～4.9 kg；成年公羊体重85.6 kg，母羊67.4 kg。被毛异质，剪毛量1.63～2.04 kg，净毛率71.24%，产羔率110.3%，屠宰率50.9%～53.0%，臀脂重2.96～7.10 kg。适宜高度放牧。

10. 小尾寒羊

（1）原产地及其分布　小尾寒羊主要分布于河北南部、河南东部和北部，山东南部及皖北、苏北一带。现已被引种到全国20多个省、市、自治区，主产区现有77万只以上。小尾寒羊原属蒙古羊，是在中原农区长期选育而培育成的、繁殖力强、生长发育快的地方良种。

（2）外貌特征　小尾寒羊头略显长，鼻梁隆起，耳大下垂，公羊有角，呈三棱形螺旋状，母羊多数有小角或角根，颈较长，背腰平直，体躯高大，前后躯发育匀称，四肢粗壮，蹄质结实。尾略呈椭圆形，下端有纵沟，尾长在飞节以上。被毛白色，成年公羊体高90.87 cm，母羊77.07 cm；公羊体长91.87 cm，母羊77.53 cm；公羊胸围107.05 cm，母羊87.55 cm。

（3）生产性能　小尾寒羊被毛属混型毛，公羊剪毛量3.5kg，母羊2.1 kg，净毛率63.0%，毛长11.5～13.3 cm。生长发育快，成熟早，肉用性能好。公羊初生重3.61 kg，母羊3.84 kg；3月龄公羊重20.77 kg，母羊17.24 kg；周岁公羊体重60.83 kg，母羊41.33 kg；成年公羊体重94.15 kg，母羊48.75 kg。据报道，最大的一只两岁公羊体重达160 kg。屠宰率55.6%。性成熟早，母羊四季发情，通常两年产3胎，优良条件下一年两胎，每胎产双羔，三羔者屡见不鲜，产羔率为

270%，居我国地方绵羊品种之首。

小尾寒羊是中国著名的地方优良绵羊品种之一。具有生长发育快，性成熟早、常年发情、繁殖力强，产肉性能好，适合农区舍饲或者小群放牧，羔皮还可制裘等优点。

（二）国外优良品种

澳洲美利奴羊

（1）原产地及其分布　澳洲美利奴羊是世界著名的细毛羊品种，原产于澳大利亚，现已输往世界许多国家，分细毛型、中毛型和强毛型三种。细毛型主要产地为新南威尔士高原区、维多利亚西部地区和塔斯马尼亚岛；中毛型产于新南威尔士州西部中央地区、昆士兰中部等；强毛型产于南澳及西北部干旱草原区。

（2）外貌特征　澳洲美利奴羊体型近似长方形，腿短，体宽，背部平直，后肢肌肉丰满。公羊颈部有1~3个发育完全或不完全的横皱褶，母羊有发达的纵皱褶，有角或无角。毛丛结构良好，密度大，细度均匀，油汗白色，弯曲弧度均匀整齐而明显，光泽良好。羊毛覆盖头部至两眼连线，前肢达腕关节，后肢达飞节。

我国曾多次引进澳洲美利奴羊品种，进行中国美利奴等品种的培育和改良，对我国细毛羊品种的培育和改良起到了重要作用。

三、山羊品种

（一）乳用山羊品种

1. 萨能山羊

（1）原产地及其分布　萨能山羊原产于瑞士柏龙县萨能山

谷，现已遍及世界各国，我国于1904年引进，对我国乳用山羊品种的改良起了重要作用。

（2）外貌特征　萨能山羊具有乳用家畜的楔形体型。毛色纯白、毛细而短，皮薄而柔软、皮肤呈肉色，大多数无角、有须，有的有肉垂。体格高大，具“四长”（头长、颈长、背腰长、四肢长）特征，结构匀称，细致紧凑。公羊颈粗壮，姿势雄伟，胸部宽广，肋骨拱圆，背腰平直。母羊乳房基部附着宽广，向前延伸，向后突出，乳房质地松软，乳头附着良好。

（3）生产性能　萨能山羊泌乳力强，泌乳期8～10个月，年平均产乳量600～1 200 kg，乳脂率3.5%。发情周期204 d，发情持续期38.12 h，怀孕期150.6 d。利用年限8～10年，一胎产羔率160%，二胎以上200%～230%。抗病力强，适应性广，性情温驯。

2. 吐根堡山羊

（1）原产地及其分布　吐根堡山羊原产于瑞士东北部吐根堡山谷，分布于欧、美、亚、非洲各个国家。与萨能山羊同享盛名，1982年引入我国四川，繁殖正常，生长良好。

（2）外貌特征　吐根堡山羊乳用体型良好。毛色以浅褐色为主，部分羊只为深褐色，幼羊色较深，老龄羊色较浅。颜面两侧各有一条深灰色的条纹，公、母羊均有须，多数无角而有肉垂，骨骼粗壮，四肢较长。

（3）生产性能　吐根堡山羊产乳量600～1 200 kg，乳脂率3.5%～4.0%。多在9～10月份发情，怀孕期150.4～153.9 d，一胎繁殖率为149.8%，二胎为201.9%。体质健壮，耐粗饲、耐炎热，遗传稳定，膻味小，但体型、平均产奶量略低于萨能山羊。

3. 崂山奶山羊

（1）原产地及其分布　崂山奶山羊原产于青岛的崂山及胶东等地，是萨能山羊与当地山羊杂交选育而培育成功的地方良种，目前有60万只以上。

（2）外形特征　崂山奶山羊毛色纯白，毛细短，皮肤呈粉红色，富弹性，大多无角，体质结实，结构紧凑而匀称，头长额宽，鼻直、眼大、嘴齐，耳薄且向前外方伸展。公羊颈粗壮，母羊颈薄长，胸部宽广，肋骨开张良好，腹大而不下垂，具有良好的乳用体型。

（3）生产性能　崂山奶山羊平均产奶量为497 kg，一胎平均400 kg，二胎平均550 kg，三胎平均700 kg，一般可利用5～7个胎次。发情季节9～10月份，发情周期19.88 d，怀孕期150.67 d。产羔率：一胎130%，二胎160%，三胎200%以上。

4. 关中奶山羊

（1）原产地及其分布　关中奶山羊产于陕西渭河平原（又称关中盆地），以当地山羊为基础，主要是利用萨能山羊经过长期杂交选育而成的乳用品种。主要分布在关中的富平、蒲城、泾阳、三原等8个基地县，并向全国输出数十万只。

（2）外貌特征　关中奶山羊体质结实，乳用型明显，头长额宽，眼大耳长，鼻直嘴齐。母羊颈长，胸宽，背腰平直，腹大不下垂，乳房大且质地柔软。公羊头大颈粗，胸部宽深，腹部紧凑，外形雄伟。毛短色白，皮肤粉红色，部分羊有角、须和肉垂。公羊体高82 cm以上，体重不低于65 kg；母羊体高69 cm以上，体重45 kg。

（3）生产性能　关中奶山羊产奶量：一胎450kg，二胎520 kg，三胎600 kg，含脂率3.8%。怀孕天数149.5 d。关中奶山羊一胎产羔率130%，二胎平均174%。

(二) 毛用山羊品种

安哥拉山羊

(1) 原产地及其分布　安哥拉山羊原产于土耳其的安哥拉省，用于生产马海毛，从16~19世纪逐渐出口到一些国家，目前有1 200万只。

(2) 外形特征　安哥拉山羊全身白毛，被毛由波浪形或螺旋状的毛辫组成，毛辫可垂至地面，头、腿生有短刺毛。公羊、母羊均有角，耳大下垂。头较小，鼻梁平直，胸窄狭，肋骨扁平，尻斜，骨细，体质较弱。公羊体高60~65 cm，母羊体高51~55 cm。

(3) 生产性能　安哥拉山羊公羊体重50~55 kg，母羊体重32~35 kg，产肉少。泌乳量70~100 kg，仅够哺育羔羊。公羊剪毛量为4.5~6.0 kg，母羊3~4 kg，净毛率65%~85%，细度40~46支，长度30 cm（全年）。生长发育慢，性成熟晚，1.5岁后才能发情配种，繁殖力低，发情季节10~11月份，发情周期19~21 d，持续期30 h，妊娠期149~152 d。

安哥拉山羊遗传性能稳定，改良效果良好。

(三) 裘皮和羔皮山羊品种

1. 中卫山羊

(1) 原产地及其分布　中卫山羊又称沙毛山羊，原产于宁夏回族自治区的中卫、中宁、同心、海源及甘肃省的景泰、靖远等县，现已分布宁夏南部及全国10余个省（市区）。

(2) 外形特征　中卫山羊毛色纯白者占75%，纯黑者较少，羔羊体躯短，全身生长着弯曲的毛簿，呈细小萝卜丝状，光泽良好，呈丝光。成年羊头清秀，额部丛生长毛一束，公、母羊均有长须。公羊角粗大向上、向后、向外方伸展呈半螺旋状，母羊角较细短，多呈小镰刀形。体型中等，体躯短深。成年公羊体高 61.4 cm，体长 67.7 cm，体重 30 ~ 40 kg，成年母羊体高 56.7 cm，体长 59.2 cm，体重 25 ~ 30 kg。

（3）生产性能　中卫山羊产羔率约 103%，初生羔毛长 4.4cm，毛股有 3 ~ 4 个弯曲，初生重 2.5 ~ 2.7 kg，够毛时约 35 日龄，毛长 7 ~ 8cm。公羔重 4.5 ~ 8 kg，母羔 4 ~ 6 kg 时，剥取毛皮。

2. 济宁青山羊

（1）原产地及其分布　济宁青山羊原产于山东省荷泽地区、济宁市的 10 多个县，荷泽的郓城、巨野、曹县，济宁的嘉祥、金乡等县济宁青山羊品质优秀，现已推广到华南、西北、东北十余省（市区）。

（2）外形特征　济宁青山羊毛色为由黑、白二色毛混生而构成的青色，前膝为青黑色，故有“四青黑”的特征，由于黑白毛比例不同，分为正青（黑毛 30% ~ 50%）、粉青（黑毛 30% 以下）、铁青（黑毛 50% 以上），因被毛的粗细和长短不同分四个类型：细长毛型、细短毛型、粗长毛型和粗短毛型。以细长毛型的滑子皮质量最好。

济宁青山羊头较小，额宽而凸，有角，有须。体小，俗称“狗羊”。公羊体高 60.3 cm，母羊体高 50.4 cm。公羊体长 60.1 cm，母羊 56.5 cm。公羊体重 25.7 kg，母羊 20.9 kg。

（3）生产性能　济宁青山羊羔羊出生后 40 ~ 60d 可初次发情，一般 4 个月可配种，1 岁可产 1 胎，第一胎繁殖率 203.6%，3 ~ 4 岁时可达 300%，孕期 146 d，产后第一个发情期在 20 ~ 40 d，一年两胎。初生重 1.3 ~ 1.7 kg，生后 3 d 屠宰的羔皮称青滑子皮。

（四）绒用山羊品种

1. 辽宁绒山羊

（1）原产地及其分布　辽宁绒山羊原产于辽宁省东南部，中心产区在盖州市的东部。近年来被引入到西北及内蒙古等8个省（市区），改良当地羊效果良好。

（2）外形特征　辽宁绒山羊体质结实，结构匀称，额上有长毛，公、母羊均有须、有角，公羊角粗长呈螺旋形向两侧伸展，母羊角向后向上伸展。毛色纯白，外层毛稀疏，长而无弯曲，有丝光，内层绒毛厚密。成年公羊体高63.35 cm，母羊61.04 cm。公羊体长75.69 cm，母羊68.08 cm。公羊胸围80.78 cm，母羊80.39 cm。公羊体重53.49 kg，母羊43.39 kg。

（3）生产性能　辽宁绒山羊成年公羊产毛0.5kg，毛长18.56 cm；产绒0.54 kg，绒长5.6cm，细度18.48 nm。母羊产毛0.43 kg，毛长14.4 cm；产绒0.47 kg，绒长5.28 cm，细度17.3 μm，绒具有丝光。产绒高，品质好，是世界白色绒用高产品种。

2. 内蒙古绒山羊

（1）原产地及其分布　内蒙古绒山羊主要分布于内蒙古西部。

（2）外貌特征　内蒙古绒山羊全身被毛白色者约占86%，其他为黑色或紫色；公母羊均有角，公羊角自上向后外方捻曲，母羊角软细小；有须，耳大向两侧半下垂，额部有软长的卷毛一束；背腰平直，后躯略高，尾上翘，外层粗毛较长，呈丝光，内层绒毛厚密。

（3）生产性能　内蒙古绒山羊以阿左旗的绒山羊性能最好，

平均产绒量316.5g，最高达875.0 g，绒长5.0~6.5 cm，绒细14.1~15.1μm，产毛量359.0 g，最高达880.0 g，毛长12~20 cm，繁殖率为101%~105%，屠宰率40%~50%。

（五）肉用山羊品种

1. 布尔山羊

（1）原产地及其分布　布尔山羊原产于南非共和国的好望角地区，改良型布尔山羊以初生重大、生长快、体型大、产肉多、肉质好、繁殖率高、适应性强而闻名世界。现已出口到澳大利亚、德国、新西兰等许多国家，我国1995年开始引进，受到各地普遍欢迎。

（2）外貌特征　布尔山羊被毛短密、白色，头、颈棕色并带有白斑，耳大下垂，头平直。公羊鼻梁稍隆起，角向后向外弯曲呈镰刀状，母羊角小而直立。体质强壮，头颈部及前肢比较发达，体躯匀称且长宽深，胸部发达，背部结实宽厚，肋骨开张良好，臀部丰满，四肢粗壮，结实有力。公羊体高75~90 cm，母羊65~75 cm。公羊体长85~95 cm，母羊70~85 cm。

（3）生产性能　布尔山羊初生重4.15kg，日增重123.7 g。强度肥育下，日增重204~291 g。100日龄公羔体重为30 kg，母羔29 kg。150日龄公羔体重为42 kg，母羔37 kg。210日龄公羊体重为53 kg，母羊45 kg。屠宰率48%~60%，肥羔最佳上市体重为38~43 kg，骨肉比为1：4.71。瘦肉多，肉质细嫩，膻味小，味道鲜美。布尔山羊板皮质量好，可与牛皮相媲美。布尔山羊的繁殖无明显的季节性，6月龄性成熟，平均产羔率150%~220%，一年2胎或两年3胎。发情周期21 d，发情持续时间37 h，一般于发情后32~38 h排卵，怀孕期147~149 d，产奶量每天2.5 kg。

布尔山羊性情温顺，适应性强，抗病力强。世界各地利用布尔山羊改良当地山羊的产肉性能均取得了较为理想的效果，因此，布尔山羊被推荐为杂种肉山羊的终端杂交父本。

2. 南江黄羊

（1）原产地及其分布　南江黄羊原产于四川南江县，是以纽宾奶山羊、成都麻羊、金堂黑山羊为父本，南江本地山羊为母本，又导入吐根堡山羊血液，采用复杂杂交培育而成，南江黄羊是通过国家认定的第一个肉用山羊培育品种。现已推广到宣汉、广元等地及浙江、陕西、河南等省（市区）。

（2）外貌特征　南江黄羊的公、母羊大多有角，头型较大，颈部较粗，体型高大，背腰平直，后躯比较丰满，体躯近似圆桶形，四肢粗壮，皮毛呈黄褐色，面部多呈黑色。鼻梁两侧有一条浅黄色条纹，从头顶部至尾根沿背脊有一条黑色毛带，前胸、颈、肩和四肢上端着生黑而长的粗毛。

（3）生产性能　南江黄羊 6 个月龄公羔体重 16.18 ~ 21.07kg，母羔 14.96 ~ 19.13 kg；成年公羊体重 57.3 ~ 58.5 kg，母羊 38.3 ~ 45.1 kg。在放牧条件下，6 月龄体重可达 21.6 kg，胴体重 9.6kg，屠宰率 45.12%，净肉率 29.63%，产羔率 187% ~ 219%。

南江黄羊四季发情，泌乳性能好，抗病力强，耐粗放管理，适应性强，板皮品质好。

3. 建昌黑山羊

（1）原产地及其分布　建昌黑山羊中心产区为四川省会理县、米易县。产区地处云贵高原和青藏高原之间的横断山脉延伸地带，境内山峦起伏，沟谷纵横，大小凉山重叠，金沙江、雅砻江、安宁河及其支流贯穿全境，气候随海拔高度而变化，建昌黑山羊主要分布在海拔2 500 m以下地区。建昌黑山羊主要分布在四川凉山彝族自治州的会理、会东二县。该州的其他县也有分布。

(2) 外貌特征 建昌黑山羊体格中等，体躯匀称，略呈长方形。头呈三角形，鼻梁平直，两耳向前倾立，公、母羊绝大多数有角、有髯，公羊角粗大，呈镰刀状，略向后外侧扭转，母羊角较小，多向后上方弯曲，向外侧扭转。毛被光泽好，大多为黑色，少数为白色、黄色和杂色。毛被内层生长有短而稀的绒毛。

(3) 生产性能 建昌黑山羊成年公羊平均体高、体长、胸围和体重分别为：57.69cm ± 4.48 cm，60.58 cm ± 4.61 cm，73.62 cm ± 5.23 cm，31.05 kg ± 6.00 kg，成年母羊分别为：56.01 cm ± 3.59 cm，58.93 cm ± 3.97 cm，70.67 cm ± 5.01 cm，28.91 kg ± 5.54 kg。建昌黑山羊皮板张幅大，厚薄均匀，富有弹性。

建昌黑山羊具有生长发育快、产肉性能和板皮品质好的特点。

(六) 国内其他山羊品种

国内其他山羊品种见表。

表 国内其他山羊品种

品种	产地	外貌特征	生产性能
成都麻羊	成都平原及附近丘陵地区	骨架大，躯干丰满，胸部发达，公母均有角，有须，全身褐色，背线为黑色，鬐甲处有黑色毛带与背黑线相交成十字形	公羊体重42 kg，母羊36 kg，初生重2.19 kg，45～60d断奶，屠宰率42%～45%，泌乳期5～8个月，日产奶量0.75～1 kg，板皮细致紧密，拉力强，四季发情，1年2胎，一胎2～3只

（续表）

品种	产地	外貌特征	生产性能
马头山羊	湖南、湖北及相邻的川、陕、黔、豫地区	无角，公羊头部生有长毛至眼线，多为白色，双脊者品质高	公羊体重 32.3 kg ±5.00 kg，母羊 30.96 kg ± 6.3 kg，屠宰率 49.7% ~ 55.3%，板皮致密，质量好，全年发情，4 ~ 6 月龄配种，繁殖率 182% ~229%
承德无角山羊	河北省东北部，已被引入河南、内蒙古、山东等地	被毛以黑色为主，无角但有角痕，有须，胸宽，颈深，向前方突出，肉用体型明显	公羊体重 54.4 kg ±12.3 kg，母羊 41.5 kg ±12.4 kg，生长快，6 月龄体重达成年的 44.6% ~ 51.8%，剪毛量公羊 518 g，母羊 251 g，产绒量公羊 240 g，母羊 114 g，屠宰率 46% ~ 50%，产羔率 111%
太行山羊	山西、河北、河南交界的太行山区	毛色有灰、黑、白和褐，以头部全黑色，体躯灰色者较多，有角，背腰平直，四肢健壮，蹄质结实	公羊体重 43.2 kg，母羊 35.7 kg，产毛量 360 g，毛长 20 Cm，产绒量 150 ~ 180 g，绒长 4.7 ~ 5.3 cm，细度屠宰率 40.7% ~ 48.0%，繁殖率 102% ~110%
陕南白山羊	陕西的安康、汉中及商洛地区	被毛白色为主，有长毛型、短毛型。鼻梁平直，颈短而宽厚。胸部发达，背腰平直，四肢粗壮，尾短上翘	公羊体重 33 kg，母羊 11 kg，屠宰率 45.56% ~ 50.58%，产羔率 259.02%，早熟，抓膘力强，肉质细嫩，板皮幅面大，致密，抗力强
川东白山羊	重庆市的万州区、涪陵区和永川区，四川的达县等地	体型有大小两类，大型白色，有角有须，公羊有较长的额毛，胸部发达，小型多数为白毛，有内层短绒，体型呈圆桶状	体重大型 30 ~ 40 kg，小型 20 ~ 24 kg，屠宰率羯羊 55% 左右，繁殖率 202%，板皮光泽度好、柔韧有拉力。
黄淮山羊	豫、皖、苏交界地区	被毛白色，粗而短，直而稀，绒毛稀少，有须，有角或无角，头偏重，体较短，乳房发育良好	公羊体重 33.89 ~ 37.06 kg，母羊 22.67 ~ 26.60 kg，肉质好，肥羔屠宰率 60%，成羊屠宰率 45.79% ~ 51.93%，早熟，2 月龄发情，10 月龄可产第一胎，全年发情，一年两胎，产羔率 227% ~238%

(续表)

品种	产地	外貌特征	生产性能
贵州白山羊	贵州的沿河、思南、务川等20余县	毛白色，有须，公羊颈部有卷毛，胸深，背宽平，体长，四肢矮，以白毛为宜，毛粗而短	公羊体重32.8 kg，母羊30.8 kg，周岁羯羊胴体重11.45 kg，成年羊胴体23.26 kg，繁殖率273.6%，肉质细嫩，膻味小
雷州山羊	广东雷州半岛一带	被毛黑色、褐色，有须有角，鼻、额稍突出，胸稍窄，腹不大	公羊体重50 kg，母羊43.0 kg，屠宰率40%左右，板皮致密，1年2胎，每胎1~2羔
福清山羊	福建东南沿海地区	体型中等，多有角，胸宽深，肉用体型明显，被毛褐色、黑色，颈背脊有一条带状黑毛区——乌龙	公羊体重27.9 kg，母羊26.0 kg，屠宰率羯羊55.8%，母羊47.6%，3月龄性成熟，4~5月龄配种，每胎产1~4羔，双羔以上占76.7%
板角山羊	重庆市的城口、巫溪、武隆和四川省的万源市等地	公、母均有角，公羊角粗大，角宽而扁平，背腰平直，肋骨开张良好，体躯呈圆桶状，四肢粗短，被毛以白色为主，少量黑色与杂色	成年公羊体重40.55 kg，母羊30.34 kg，周岁公羊重24.64 kg，母羊21.00 kg，成年羊宰前活重38.90 kg，其屠宰率可达55.6%。6~7月龄性成熟，产羔率184%
隆林山羊	广西壮族自治区隆林县	公、母均有角，呈扁形，肋骨开张良好、后躯比前躯略高，毛色较杂，有色、黑花色、褐色和黑色	成年公羊平均体重52.5 kg，母羊40.29 kg，个体差异较大，8月龄公母羊屠宰率分别为48.64%和46.13%，成年公母羊为53.3%和46.64%，平均产羔率为195%

第二节　羊场建设与环境控制

根据羊只的习性、生产流程及舍饲要求，要正确选择场址，合理安排圈舍布局，以满足生产的需要。

一、圈舍场址的选择

①背风向阳，地势干燥。冬暖夏凉的环境是羊只最适合的生存环境，所以羊舍选址要求地势较高，排水良好，通风干燥，向阳避风，位于居民区下风向。

②土质应选择透水性好的沙质土壤。

③水源有保证，四季供水充足，无污染。

④电力、通讯、交通较为便利，但考虑到防疫的需要，羊场与主要交通干线的距离不应少于300 m。

二、羊舍设计与建筑

（一）羊舍与运动场的建设标准

羊舍建设面积：种公羊：绵羊1.5～2.0 m^2/只，山羊2.0～3.0 m^2/只；怀孕或哺乳母羊：2.0～2.5 m^2/只；育肥羊或淘汰羊可掌握在0.8 m^2/只左右。

运动场（敞圈）建设面积：种公羊绵羊一般平均5～10 m^2/只、山羊10～15 m^2/只。种母羊绵羊平均3 m^2/只、山羊5 m^2/只；产绒羊2～2.5 m^2/只；育肥羊或淘汰羊2 m^2/只。

（二）羊舍的建造形式

1. 双坡式羊舍

这是我国养羊业较为常见的一种羊舍形式，可根据不同的饲养方式、饲养品种及类别，设计内部结构、布局和运动场。羊舍中脊高度一般为2.5 m以上，后墙高度为1.8 m，舍顶设通风口，门宽0.8～1.2 m，以羊能够顺利通过而不致拥挤为宜，怀孕母羊及产羔母羊经过的舍门一定要宽，一般为2～2.5 m，外开门。羊舍的窗户面积为占地面积的1/15，并要向阳。羊舍的地面要高出舍外地面20~30 cm，地面最好是用三合土夯实或用沙性土做地面。

2. 半坡式或后坡长前坡短暖棚式羊舍

适合于饲养绒山羊，塑料暖棚式羊舍后斜面为永久性棚舍，利于夏季防雨、遮阴；前坡前半部分敞开，冬季搭上棚架、扣上塑料薄膜成为暖棚，可以防寒保暖；夏季去掉棚膜成为敞棚式羊舍。设计一般为中梁高2.5 m、后墙内净高1.8 m、前墙高1.2 m。两侧前沿墙（山墙的敞露部分）上部垒成斜坡，坡度也就是塑料大棚的扣棚角度（棚面与地面的夹角），下限为春分节气时太阳高度角的余角，上限为冬至节气时太阳高度角的余角。以承德市为例，所处纬度41°，春分时太阳高度角为49°（90－41+0，春分节气赤道纬度为0°），扣棚角度最小为41°；冬至节气时太阳高度角为25.5°（90－41－23.5，春分节气赤道纬度为－23.5°），扣棚角度最大为64.5°，所以，该地区塑料大棚的扣棚角度应在41°~64.5°。敞圈以羊舍中梁、前墙及两侧前沿墙为底平面，用竹片或钢筋搭成坡形或拱形支架，作为冬季扣棚之用。在羊舍一侧山墙上开一个高1.8 m、宽1.2 m的小门，供饲养人员出入，在前墙留有供羊群出入运动场的门。

棚膜为单层或双层0.02~0.05毫米农用塑料薄膜，以无滴膜为好。扣棚时间一般在11月下旬至次年4月上旬。扣棚面积一般占总面积的1/3。塑料棚绷紧拉平，四边压实不透风。暖棚要设有换气孔或换气窗，可于晴朗天气打开，以排除污浊空气，换取新鲜空气并保持相对湿度。及时清理棚面积雪积霜，阴雪天或严冬季节夜间用草帘棉帘麻袋等将棚盖严。注意每日定时清理羊舍地面更换垫土，保持干燥清洁。冬季舍内温度一般应保持在5~10℃为宜，最低不应低于－5℃，最高不高于15℃。

三、羊舍配套设施

1. 饲料槽、水槽

饲料槽是舍饲养羊的必备设施，用它喂羊既节省饲料，又干净卫生。可以用砖、石头、水泥等砌成固定的饲槽，也可用木头等材料做成移动的饲槽。固定式饲槽有两种形式：一种是圆形饲槽。中央砌成圆锥形体，饲槽围绕锥体一周，在槽外沿砌一带有采食孔的、高 50 ~ 70 cm 的砖墙，可使羊分散在槽外四周采食；一种为长条形食槽，在食槽一边（站羊的一边）砌成可使羊头进入的带孔砖墙或用木头、钢筋等做成带孔的栅栏，供羊采食；栅栏孔最好做成大小可以调节。哺乳母羊舍应在栅栏孔改建为有密栏的活栅门，平时关闭，只在母羊进食时开启，以防羔羊钻跳饲槽。饲槽上宽下窄，槽底呈半圆形，大致规格上宽 50 cm、深 20 ~ 25 cm，离地高度 40 ~ 50 cm。槽长依羊只数量而定，一般可按每只大羊 30 cm，每只羔羊 20 cm 设计。若一面栅栏的槽位总长度不够用，可依托连续的两面栅栏建槽。

移动式长条形饲槽主要用于冬春舍饲期妊娠母羊、泌乳母羊、羔羊、育成羊和病弱羊的补饲。常用厚木板钉成或镀锌铁皮制成，制作简单，搬动方便，尺寸可大可小，视补饲羊只的多少而定。为防羊只践踩或踏翻饲槽，可在饲槽两端安装临时性的能装拆的固定架。还有一种悬挂式饲槽，适于断奶前羔羊补饲用。制作时可将长方形饲槽两端的木板加高 30 cm，在上部各开一个圆孔，从两孔中插入一根圆木棍，用绳索拴牢在圆木棍两端，将饲槽悬挂于羊舍补饲栏上方，离地高度以羔羊采食方便为准。

运动场应设有水槽，一般固定在羊舍或运动场上，可用镀锌铁皮制成，也可用砖、水泥制成，在其一侧下部设置排水口，利于清洗换水。水槽周围地面铺砌砂石或砖。较大型羊场采用自动化饮水器，以适应集约化生产的需要。饮水器有浮子式和真空泵式两种，其原理是通过浮子的升降或真空调节器来控制饮水器中的水位，随着羊只饮水不断进行补充，使水质始终保持新鲜清洁。一般每 3 m 安装 1 个。其优点是羊只饮水方便，减少水资源的浪费，可保持圈舍干燥卫生，减少各种疾病的发生。

2. 供草架

羊喜清洁、吃净草，利用草架喂羊，可防止羊践踏饲草，减少浪费，还可减少羊只感染寄生虫病的机会。供草架是用来饲喂长草的，盛草用具可以用木材、竹条、钢筋等制作。草架的长度，按成年羊每只 30 ~ 50 cm、羔羊 20 ~ 30 cm 计算。常见的供草架有 2 种。

（1）单面供草架　先用砖、石头砌成一堵墙，或直接利用羊圈的围墙，然后将数根 1.5 m 以上的木杆或竹竿下端埋入土墙根底，上端向外倾斜 25°，并将各个竖杆的上端固定在一根横棍上，横棍的两端分别固定在墙上即可。

（2）木制活动供草架　先做一个高 1 m、长 3 m 长方形的立体框，再用 1.5 m 高的木条制成间隔 12 ~ 18 cm 的“V”字形装草架，最后将草架固定在立体木框之间即成。

3. 母仔栏和羔羊补饲栅

两块或两块以上栅栏通过合页连接而成的活动栅栏，用于在羊舍的一侧或角落隔断出母羊及其羔羊独居使用的母仔间，这种活动栅栏称为母仔栏。每块栅栏高 1 m，长度 1.2 m 或 1.5 m，板条横向排列，间距 15 cm。

羔羊补饲栅。在母仔栏的基础上加以改造，栅栏竖向间距20 cm左右，栅上设圆边框的小门，用于围成羔羊补饲单独场地的设施。只有羔羊能够自由进出栅内，以阻止大羊入内抢食草料。

4. 分群栏

由许多栅栏连结而成，用于规模羊场进行羊只鉴定、分群、称重、防疫、驱虫等事项，可大大提高工作效率。在分群时，用栅栏在羊群入口处围成一个喇叭口，中部为一条比羊体稍宽的狭长通道，通道的一侧或两侧可设置3～4个带活动门的羊圈，这样就可以顺利分群，进行有关操作。

5. 堆草场、贮草贮料间、青贮窖/氨化池

在羊舍附件选择地势高燥、便于排水的地方，依托墙壁、土坎，以木栅或木桩铁丝网等材料围成的堆存干草、秸秆的场地称为堆草场。

草料间是专门用于贮存细碎草料和饲料粮的房舍。

青贮窖是当前普遍应用的青贮设施。北方地区地下水位低、冬季寒冷，宜采用地下式或半地下式。建筑地址应选择土质坚硬、排水良好、高燥、靠近畜舍、远离水源和粪坑的地方。可以因地制宜、就地取材，简易的可建筑临时性土窖，将窖壁和底部捶紧夯实，窖底四角挖成半圆形，窖壁稍留斜度，于制作青贮前1～2 d挖好，稍作晾晒即可使用；条件允许应建筑砖石、水泥结构的永久窖，多为圆形，底部呈锅底状（如为长方形，边角应砌成弧形），四壁光滑平展。一般窖底须高出地下水位0.5 m以上。圆形窖直径与窖深之比1∶1.5～2为宜，其大小依据羊群规模、青贮料在舍饲饲料总构成中的比例、青贮原料供应条件等情况确定，并以2～3 d内能装填完毕为限。参考尺寸：

内直径2.7 m、深3.5 m，内容积20 m^3，可贮制玉米秸10吨左右；内直径2.3 m、深2.5 m，内容积10 m^3，贮制玉米秸其容量可达5吨左右；内直径2 m、深2 m，容积为6 m^3，可贮制玉米秸青贮3吨左右。氨化池的建造可参照永久式青贮窖。

6. 药浴池

药浴池为长方形水沟状，用水泥筑成。池的深度约1 m，长10 m，底宽0.3～0.6 m，上宽0.6～1.0 m，以1只羊能通过而不能转身为度。药浴池入口前端接分群栏出口，羊群排队等候入浴，药浴池入口后端呈陡坡（以使羊只进入池中迅速浸湿、充分作用），在出口一端筑成缓坡，出口外端设滴流台，羊出浴后，在滴流台处停留一段时间，使身上的药液流回池内。为方便烧水配药，可在药浴池旁安装炉灶，而且要求附近应有水井或水源。

7. 磅秤及羊笼

为了解饲养管理情况，掌握羊只生长发育动态，肉羊场需要定期称测羊只体重。因此，羊场应在分群栏的通道入口处设置小型地磅秤和活动门羊笼，以方便称量羊只体重。

思考题

1. 简述绒用山羊品种的产地及生产性能。
2. 如何选择圈舍场址。

第五章　羊饲养管理

第一节　羔羊、育成羊的饲养管理

一、羔羊的培育技术

(一) 生长发育特点

1. 生长发育快

羔羊从出生至4月龄断奶的哺乳期内，生长发育迅速，所需要的营养物质多，特别是对蛋白质的要求更高。羔羊生后1个月内生长速度较快，肉用品种羔羊的平均日增重在300 g以上。

2. 适应能力差

哺乳期的羔羊由胎生到独立生活的过渡阶段，从母体环境转到自然环境中生活，其生存环境发生了根本性的改变。此阶段羔羊的各个组织器官功能尚未健全，如生后1～2周内羔羊调节体温的机能发育不完善，皮肤保护机能差，神经反射迟钝，特别是消化道的黏膜容易受细菌的侵袭而引起消化道疾病。

3. 可塑性强

羔羊在哺乳阶段可塑性强。当外部环境发生变化时可引起羔羊机体相应的变化，容易受外界条件的影响而发生变异，这对羔羊的定向培育具有重要意义。

（二）饲养

1. 早吃初乳，吃好常乳

羔羊产后应尽早吃到初乳，初乳是母羊分娩后 3 ~5 d 内分泌的乳汁，颜色微黄，比较浓稠，营养十分丰富，含有丰富的蛋白质（17% ~23%）、脂肪（9% ~16%）、矿物质等营养物质和抗体，尽早吃到初乳能增强体质，提高抗病能力，并有利于胎粪的排出。

羔羊出生后 10 min 左右就可自行站立，寻找母羊乳头，自行吮乳。5 d 后进入常乳阶段，常乳是羔羊哺乳期营养物质的主要来源，尤其在生后第 1 个月，营养全靠母乳供应，羔羊哺乳的次数因日龄不同而有所区别，1 ~7 日龄每天自由哺乳，7 ~15 日龄每天饲喂 6 ~7 次，15 ~30 日龄 4 ~5 次，30 ~60 日龄 3 次，60 日龄至断乳 1 ~2 次。每次哺乳应保证羔羊吃足吃饱，吃饱奶的羔羊表现为精神状态良好、背腰直、毛色光亮、生长快，缺乳的羔羊则表现为被毛蓬松、腹部扁、精神状态差、拱腰、时时鸣叫等。

2. 做好孤羔和缺乳羔羊的寄养或人工哺乳

若母羊产后死亡或泌乳量过低，则应进行寄养或人工哺乳。寄养选择保姆羊时，应选择营养状况良好、健康、泌乳性能好、产单羔的母羊。由于母羊嗅觉灵敏，拒绝性强，所以应采取相应的措施保证寄养顺利完成，一般将保姆羊的乳汁涂在羔羊身上，使母羊难以识别。寄养最好安排在夜间进行。

若羊场找不到合适的保姆羊，需进行人工哺乳。人工哺乳的关键是代乳品、新鲜牛奶等的选择和饲喂。

（1）代乳品　选择代乳品时应具有以下特点：①营养价值

接近羊奶，消化紊乱少；②消化利用率高；③配制混合容易；④添加成分悬浮良好。对于条件好的羊场或养殖户，可自行配制人工合成奶类，其主要成分为脱脂奶粉60%，还含有脂肪干酪素、乳糖、面粉、玉米淀粉、食盐、磷酸钙和硫酸镁。

（2）新鲜牛奶　选用新鲜牛奶，要求定时、定温、定质，奶温35～39℃，初生羔羊每天哺乳4～5次，每次喂100～150 mL，以后酌情决定哺乳量，逐渐减少哺乳次数。哺乳初期采用有乳嘴的奶瓶进行哺乳，防止乳汁进入瘤胃异常发酵而引起疾病，同时，严格控制哺乳卫生条件。

3. 尽早训练，抓好补饲

羔羊生后10～40 d，应给羔羊补喂优质的饲草和饲料，一方面使羔羊获得更加完全的营养物质；另一方面通过训练采食，可以促进羔羊瘤胃消化机能的完善，提高采食消化能力。羔羊生后10～15 d，即可训练采食干草，其方法是将干草悬吊，投以香料（将豆饼炒熟）诱食。20日龄左右可训练采食混合精料。为防止浪费，应注意喂量，少给勤添，羔羊补饲精料最好在补饲栏中进行，羔羊一般每天每只喂给精料量为：15～30日龄50～75 g，1～2月龄100～150 g，2～3月龄200～250 g，3～4月龄250～300 g。混合精料以黑豆、黄豆、豆饼、玉米等最好，干草以苜蓿干草、青野干草等为宜。另外，在精料中拌一定量食盐（1～2 g/d）为佳。从30日龄起，可用切碎的胡萝卜混合饲喂。

（三）早期断奶技术

1. 时间的选择

羔羊早期断奶缩短了母羊的繁殖周期，打破了传统的季节产羔，推进了密集产羔体系的发展。羔羊早期断奶的时间一般在40～60日龄。

2. 操作技术

(1) 饲料的选择　不论是开食料，还是早期的补饲饲料，必须根据哺乳羔羊消化生理特点和对营养物质的需求，选择好的饲料。其选择标准：一是饲料的适口性要好，容易消化吸收；二是营养价值高，保证羔羊生长发育的需要，特别是能量和蛋白质；三是补饲饲料成本低，饲料形状最好以颗粒饲料为主。饲料配合时应注意蛋白质水平不低于15%，饲喂颗粒饲料可加大采食量，提高日增重，颗粒直径为0.4～0.6 cm，日粮中应添加维生素，每100 kg日粮按4 g计量。

(2) 补饲方法　在母羊圈舍内放置一个羔羊补饲栏，栏板间距以进出一只羔羊为标准，补饲栏内设料槽和水槽，每天将羔羊补饲饲料放置其中，羔羊可自由出入，自由采食。这样，既保证羔羊在补饲栏内可采食到补饲饲料，又可在栏外吃到母乳，满足羔羊生长发育所需营养，加快羔羊的生长速度。早期隔栏补饲一般在羔羊出生后7～10日龄开始进行诱食，待羔羊能够习惯采食补饲饲料后，补饲饲料量可由最初的每只每天50 g左右逐渐增加至2月龄的350～400 g。

(四) 管理

羔羊的管理一般分为2种：一是母子分群，定时哺乳，羊舍内培育，即白天母子分群，羔羊留在舍内饲养，每天定时哺乳，羔羊在舍内养到1月龄左右时单独放出运动；二是母子不分群，在一起饲养。羔羊20日龄以后，母子可合群放出运动。圈舍要保持干燥、卫生、保暖，勤换垫草，舍内温度保持在5℃以上，防止肺炎、下痢等疾病的发生，并注意观察羔羊的哺乳、精神状态及粪便，发现患病应及时隔离治疗。

二、肥羔生产

（一）生产特点

肥羔生产是指羔羊30~60日龄断乳，转入育肥，4~6月龄体重达30~35 kg。屠宰所得的羔羊肉鲜嫩、多汁、易消化、膻味轻。研究表明，羔羊肉肌纤维细嫩，肉中筋腱少，脂肪含量低，蛋白质含量高，容易消化吸收。羔羊早期育肥，具有投资少、产出高、方式灵活、能充分利用早龄羔羊饲料转化率高的有利条件等显著特点。

（二）羔羊选择

选择良种化程度高的肉用品种或杂交品种，同时从2月龄断奶羔群中选择体格大、早熟性好的公羔作为育肥羔。育肥羔羊要求健康无病，四肢健壮，骨架大，腰身长，蹄质坚实。

（三）育肥方法

1. 舍饲育肥

舍饲育肥不但可以提高育肥速度和出栏率，而且可保证市场羊肉的均衡供应。配方：①玉米粉、草粉、豆饼各21.5%，玉米17%，葵子饼10.3%，麦麸6.9%，食盐0.7%，尿素0.3%，添加剂0.3%。前20 d每只羊日喂精料350 g，中期20 d每只400 g，后期20 d每只450 g，粗料不限量，适量青料。②玉米66%，豆饼22%，麦麸8%，骨粉1%，细贝壳粉0.5%，食盐1.5%，食盐1.5%，尿素1%，添加含硒微量元素和AD_3粉。混合精料与草料配合饲喂，其比例为60∶40。一般羊4~5月龄时每天喂精料0.8~0.9 kg，5~6月龄时喂1.2~1.4 kg，6~7月龄时喂1~6 kg。③统糠50%，玉米粗粉24%，菜好饼8%，糖饼 10%，棉籽饼 6%，贝壳粉 1.5%，食盐 0.5%。每天饲喂 3 次，夜间加喂 1 次。夏秋供井水，冬春饮温水。饲喂顺序是：先草后料，先料后水。早饱，晚适中，饲草搭配多样化，禁喂发霉变质饲料，干草要切短。羊减食每只喂干酵母 4 ~ 6 片。

2. 放牧加补饲育肥

草场质量较好地区，采取放牧为主，补饲为辅，降低饲养成本，充分利用草场。配方：①玉米粉 26%，麦麸 7%，棉籽饼 7%，酒糟 48%，草粉 10%，食盐 1%，尿素 0.6%，添加剂 0.4%。混合均匀后，羊每天傍晚补饲 300 g 左右。②玉米 70%，豆饼 28%，食盐 2%。饲喂时加草粉 15%，混匀拌湿饲喂。

（四）育肥方案设计

为了加快生长速度和增重效果，肥羔生产应采取舍饲，饲养时间为 50 ~ 60 d。现列举一具体方案供参考。

1. 第一阶段适应过渡期（第 1 ~ 15 d）

1 ~ 3 d 仅喂青干草，每天喂 2 kg/只，自由饮水，让羔羊适应新环境；第 3 ~ 7 d，从第 3 d 开始由青干草逐步向精料过渡。日粮配方：玉米 25%，干草 65%，糖蜜 5%，豆饼 5%，食盐 1%，抗生素 50 mg，精粗料比 36 : 64；第 7 ~ 15 d，日粮配方参考：玉米 30%，豆饼 5%，干草 62%，食盐 1%，羊用添加剂 1%，骨粉 1%。

2. 第二阶段强化育肥期（第 15 ~ 50 d）

增加蛋白质饲料的比例，注重饲料的营养平衡与质量。首先经过 2 ~ 5 d 的日粮过渡期，日粮配方：玉米 65%，麸皮 13%，豆饼（粕）10%，优质花生苗 10%，食盐 1%，羊用添加剂 1%。混合精料每天喂量为 0.2 kg/只，每天饲喂 2 次。混合粗料每天喂量 1.5 kg/只，每天饲喂 2 次，自由饮水。

3. 第三阶段育肥后期（第 50 ~ 60 d）

加大饲料喂量的同时增加饲料的能量，适当减少蛋白质的比例，以增加羊肉的肥度，提高羊肉品质。日粮配方参考，玉米 91%，麸皮 5%，骨粉 2%，食盐 1%，羊用添加剂 1%。混合精料日喂量 0.25 kg/只，每天 2 次。混合粗料日喂量 1.5 kg/只，每天 2 次，自由饮水。

育肥过程中，要求羊舍地势干燥，向阳避风，建成塑料大棚暖圈，高 1.5 m 左右，每只羊占地面积 0.8 ~ 1.2 m^2。保持圈舍冬暖夏凉，通风流畅。勤扫羊舍。育肥前要对圈舍、墙壁、地面及舍外环境等严格消毒。羊舍在进羊前用 10% 的漂白粉溶液消毒一次，稀释液按照 1 000 mL/m^2 冲洗羊舍。大小羊要分圈饲养，易于管理。定期给羊注射炭疽、羊快疫、羊痘、羊肠毒血症四联疫苗免疫。经常刷拭羊体，保持皮肤洁净。随时观察羊体健康状况，发现异常及时隔离诊断治疗。

三、断奶羔羊育肥

羔羊 3 ~4 月龄断奶后，除部分羔羊选留到后备羊群外，其余羔羊均采取育肥处理，通过短期强度育肥，达到出栏上市体重。

（一）准备工作

1. 育肥羔羊的准备

如果是购买羊只，年龄选择断奶后 4 ~ 5 月龄前的优良肉用羊和本地羊杂交改良的羔羊，膘情中等，体格稍大，体重一般在 15 ~ 16 kg，健康无病，被毛光顺，上下颌吻合好。健康羊只的标志为活动自由，有警觉感，趋槽摇尾，眼角干燥。

如果是自繁自养的羔羊，应做好羔羊哺乳期的饲养管理。从1月龄羔羊开始利用精料、青干草、豆科牧草、优质青贮料、胡萝卜及矿物质等，补饲量应逐步加大，投放饲料量以一次饲料羔羊能在20~30 min内吃完为宜。培育出生长发育正常、体格健壮的羔羊。

2. 羊舍的准备

进羊前首先对羊舍进行彻底清扫，再用消毒液消毒。常用的消毒药有10%~20%石灰乳、10%漂白粉溶液、2%~4%氢氧化钠溶液、5%来苏儿或4%的福儿马林等。用量为每平方米羊舍1 L药液。消毒方法采用喷雾消毒，顺序依次为地面、墙壁、天花板。消毒后应开启门窗通风，用清水刷洗饲槽、用具。

3. 草料的准备

按羔羊育肥生产方案，储备充足的草料，满足育肥需求；避免由于草料准备不足，常更换育肥草料，引起消化代谢障碍，从而影响育肥效果。羔羊（14~50 kg体重）育肥期间每日每只需要饲料量可参考如下：干草0.5~1.0 kg，玉米青贮饲料1.8~2.7 kg，精料补充料0.45~1.4 kg。

（二）育肥技术

1. 预饲期

羔羊进入育肥舍后，不论采用强度育肥，还是一般育肥，都要经过预饲期。预饲期一般为15 d，可分为2个阶段：第1阶段为育肥开始的1~3 d，只喂干草和保证充足饮水；第2阶段（3~15 d）逐渐增加精料量，第15 d进入正式育肥期。

（1）新购羊只处理　购来的羔羊到达当天，不宜喂饲精料，只饮水和给以少量干草，在遮阴处休息，避免惊扰。干草以青干草为宜，不用铡短；3～15 d 逐步添加精料补充料，干草逐渐变换成育肥期粗饲料，饲喂方法：每日按日粮精粗用量搅拌混合成全混合日粮，日喂 2 次，自由饮水。精料补充料可用育肥前期料。

（2）合理分群　安静休息 8～12h 后，逐只称重记录。按羊只体格、体重和瘦弱等相近原则进行分群和分组，每组 15～20 只。要勤检查，勤观察，一天巡视 2～3 次，挑出伤、病羊，检查有无肺炎和消化道疾病，改进环境卫生。

（3）接种疫苗和驱虫　羔羊预饲期内要进行驱虫和接种疫苗，防止寄生虫病和传染病的发生。驱虫药可选择使用一种，抗蠕敏（丙硫咪唑），每千克体重 15～20 mg，灌服；虫克星（阿维菌素），每千克体重 0.2～0.3 mg（有效含量），皮下注射或口服。依据疫苗接种程序，进行皮下或肌肉注射。

（4）保持圈舍卫生　羊舍每天要打扫，地面要干燥，通风良好。

（5）保证饲料品质　不喂湿、霉、变质饲料，给饲后应注意肉羊采食情况，投给量不宜有较多剩余。以吃完不剩为最理想，说明日粮中营养物质和饲料干物质计算量与实际进食量相符。必要时，可以重新计算日粮配制用量，核查有无计算错误或日粮投给量不足。

（6）注意饮水卫生　夏防晒，冬防冻，羊粪尿污染的饮水，常是体内寄生虫扩散的途径。羔羊育肥圈内必须保证有足够的清洁饮水，多饮水，有助于减少消化道疾病、肠毒血症和尿结石的出现率，同时也有较高的增重速度。据估计，气温在 15℃ 时，育肥羊饮水量在 1 kg 左右，15～20℃ 时，饮水量 1.2 kg，20℃ 以上时，饮水量接近 1.5 kg。冬季不宜饮用雪水或冰水。

（7）饲料变化要逐渐过渡　育肥期间应避免过快地变换饲

料种类和日粮类型，绝不可在 1～2d 内改喂新换饲料。精饲料的变换应以新旧搭配，逐渐加大新饲料比例，3～5 d 内全部换完。粗饲料换精饲料，换替的速度还要慢一些，14 d 换完。

（8）羊的剪毛　如果天气条件允许，可以在育肥开始前剪毛，剪毛对育肥增重有利，同时也可以减少蚊蝇骚扰和防止羊群在天热时扎堆造成中暑。

2. 正式育肥期

羔羊育肥期一般为 60 d 左右，正式育肥期分育肥前期和育肥后期，根据育肥计划和当地条件选择日粮类型，并在管理上区别对待。无论是哪个阶段，都应注意观察羊群的健康状态和增重效果，随时调整育肥方案和技术措施。

（1）日粮配制技术　任何一种谷物类饲料都可用来育肥羔羊，但效果最好的是玉米等高能量饲料。实践证明，颗粒料比破碎谷物饲料育肥效果好，配合饲料比单独饲喂某一种谷物饲料育肥效果好，主要表现在饲料转化率高和肠胃病少。

（2）育肥期精料配方　①首先要考虑羔羊营养需要。②根据羊的消化生理特点，选择适宜的饲料，饲料原料应以当地资源为主，充分利用工农业副产品，以降低饲料成本。③正确确定精粗比例和饲料用量范围。整个育肥期精料用量可以占到日粮的45%～65%，具体要根据育肥计划而定。育肥前期精料少些，精补料中增加蛋白质饲料的比例，注重饲料中营养的平衡和质量。育肥后期，在加大补饲量的同时，增加饲料中的能量，适当减少蛋白质的比例，以增加羊肉的肥度，提高羊肉的品质。在肉羊日粮中除满足能量和蛋白质需要外，还应保证供给15%～20%的粗纤维，这对肉羊的健康是必要的。④饲料种类保持相对稳定。如果日粮突然发生变化，瘤胃微生物不适应，会影响消化功能，严重者会导致消化道疾病。如需改变饲料种类，应逐渐改变，使瘤胃微生物有一个适应过程，过渡期一般为7～10 d。其典型的日粮配方为如下。

优质干草型：育肥前期，玉米60%、麸皮12%、饼粕类饲料24%（豆粕4%、棉粕10%、菜粕5%、花生粕5%）、磷酸氢钙0.5%、石粉1%、食盐1%、小苏打0.5%、添加剂预混料1%；育肥后期，玉米69%、麸皮6.5%、饼粕类饲料20%（豆粕3%、棉粕8%、菜粕5%、花生粕4%）、磷酸氢钙0.5%、石粉1%、食盐1%、小苏打1%、添加剂预混料1%。

玉米青贮型：育肥前期，玉米60%、麸皮10.5%、饼粕类饲料25%（豆粕5%、棉粕10%、菜粕5%、花生粕5%）、磷酸氢钙0.5%、石粉1%、食盐1%、小苏打1%、添加剂预混料1%；育肥后期，玉米69.5%、麸皮3%、饼粕类饲料23%（豆粕2%、棉粕10%、菜粕6%、花生粕5%）、磷酸氢钙0.5%、石粉1%、食盐1%、小苏打1%、添加剂预混料1%。

干玉米秸秆型：育肥前期，玉米60%、麸皮9%、饼粕类饲料27%（豆粕6%、棉粕10%、菜粕5%、花生粕6%）、磷酸氢钙0.5%、石粉1%、食盐1%、小苏打0.5%、添加剂预混料1%；育肥后期，玉米69%、麸皮2.5%、饼粕类饲料24%（豆粕3%、棉粕10%、菜粕6%、花生粕5%）、磷酸氢钙0.5%、石粉1%、食盐1%、小苏打1%、添加剂预混料1%。

四、日常管理

（一）羊的编号

羊的个体编号是开展羊育种工作不可缺少的技术项目，编号要求简明，易于识别，字迹清晰，不易脱落，有一定的科学性、系统性，便于资料的保存、统计和管理。现阶段羊场主要采用耳标法。用金属耳标或塑料耳标，在羊耳的适当位置（耳上缘血管较少处）打孔、安装。耳标可在使用前按规定统一编号后佩戴，耳标上应标明品种标记、年号、个体号。

羊只经过鉴定，在耳朵上将鉴定的等级进行标记，等级号在鉴定后，根据鉴定结果，用剪耳缺的方法注明该羊的等级。纯种羊打在右耳上，杂种羊打在左耳上。具体规定如下。

特级羊：在耳尖剪1个缺口。

一级羊：在耳下缘剪1个缺口。

二级羊：在耳下缘剪2个缺口。

三级羊：在耳上缘剪1个缺口。

四级羊：在耳上、下缘各剪1个缺口。

（二）羊的断尾

绵羊的断尾主要应用于细毛羊、半细毛羊及高代杂种羊，断尾应在羔羊出生7~10 d进行，断尾最好选择在风和日暖的上午进行，以便全天观察和护理。若遇羔羊体弱或天气寒冷时可以适当推迟，断尾方法有结扎法与热断法2种。

1. 结扎法

用橡皮圈在第3和第4尾椎之间紧紧扎住，阻止血液流通，经过10~15 d，尾的下部萎缩并自行脱落。此法简便易行，便于推广，但所需时间较长，要求技术人员应定期检查，防止橡皮圈断裂或由于不能扎紧，而导致断尾失败。

2. 热断法

设计专用铲头，长10 cm、宽1 cm、厚0.5 cm，上有长柄并装有木把的断尾铲及2块长30 cm、宽20 cm、厚4~5 cm的木板，两面包上铁皮，其中一块的一端挖一个半径2~3 cm的半圆形缺口。操作时，需 2 个人配合。首先将不带缺口的木板水平放置，一个人绑定好羔羊，并将羔羊尾巴放在木板上；另一个人用带缺口的木板固定羔羊尾巴，且使木板直立，用烧至暗红色的铁铲紧贴直立的木板压向尾巴，将其断下。若流血可用热止血，并用碘酊消毒。

断尾时应将尾部皮肤尽量持向尾根，以防止断尾后尾骨外露。热断法断尾后，要多观察，如断尾处出血则应及时采取止血措施。

3. 羔羊去势

凡不宜作种用的公羔要进行去势，去势时间一般在 1～2 周龄，多在春、秋两季气候凉爽、天气晴朗的时候进行。去势的方法有阉割法和结扎法。

（1）阉割法　将羊绑定后，用碘酒和酒精对术部消毒，术者左手紧握阴囊的上端，将睾丸压迫到阴囊的底部，右手用刀在阴囊的下端与阴囊中隔平行的位置切开，切口大小以能挤出睾丸为度。睾丸挤出后，将阴囊皮肤向上推，暴露精索，采用剪断或拧断的方法均可。在精索断端涂以碘酒消毒，在阴囊皮肤切口处撒上少量消炎粉即可。

（2）结扎法　术者左手握紧阴囊基部，右手撑开橡皮筋将阴囊套入，反复扎紧以阻断下部的血液流道。经 15～20 d，阴囊连同睾丸自然脱落。此法较适合 1 月龄左右的羔羊。在结扎后，要注意检查，防止结扎效果不好或结扎部位发炎、感染。

（3）去势钳法　用专用的去势钳在公羔的阴囊上部将精索夹断，睾丸便逐渐萎缩。该方法快速有效，但操作者要有一定的经验。

（4）10% 碘酊药物去势法　操作人员一只手将公羔的睾丸

挤到阴囊底部，并对其阴囊顶部与睾丸对应处消毒，另一只手拿吸有消睾注射液的注射器，从睾丸进行顶部顺睾丸长径方向平行进针，扎入睾丸实质，针尖抵达睾丸下1/3处时慢慢注射。边注射边退针，使药液停留于睾丸中1/3处。依同法做另一侧睾丸注射。公羔注射后的睾丸呈膨胀状态，所以切勿挤压，以防药物外溢。药物的注射量为1.5 ~2 mL/只，注射时最好用9号针头。

（三）饲养管理技术规程

①羔羊出生后人工帮助使其在站立后摄食初乳，对缺乳或多胎羔羊应采用保姆羊或人工哺乳，20日龄内羔羊每天哺乳4 ~5次。

②羔羊舍应温暖、明亮、无贼风，勤铺换垫料，保持圈舍和运动场清洁、干燥卫生，羔羊出生时舍内温度应保持在8℃以上。

③羔羊2周龄内应以母乳为主食，对乳量不足或多胎羔羊应进行人工哺乳，人工哺乳时应定时定量，并注意代乳品和哺乳器具的卫生。

④羔羊1周龄后，应进行诱食、采食训练，逐渐过渡为脱离母乳、独立采食。温暖无风的天气，可放至舍外运动场自由活动。不留种的公羔应及时去势，瘦弱的羔羊适当延迟。

⑤羔羊20日龄后在晴天时可跟随母羊就近放牧，并增加草料的补饲量，每日哺乳2 ~3次。

⑥毛用羔羊一般3 ~4月龄断奶，肉用羔羊可在2月龄左右断奶。断奶后转入育肥期。在整个育肥期均应保证羊的放牧时间或充足运动（舍饲）。育肥前期（30 d左右）应以饲喂优质青、干草为主，适量补饲；育肥中期（60 d左右）应逐渐加大

钙、磷和蛋白质类饲料的补饲量；育肥后期（15 d左右）应加大能量饲料的补饲量，进行强度育肥。

⑦饲料或饮水中适当添加一些抗应激药物，如维力康、电解多维，矿物质添加剂等，并适当添加一些抗生素药物，如支原净、强力霉素、土霉素等。

⑧喂料时观察食欲情况，清粪时观察排粪情况，休息时检查呼吸情况。发现病羊，对症治疗，严重者隔离饲养，统一用药。

⑨根据季节变化，做好防寒保温、防暑降温及通风换气工作。舍内适宜有害气体浓度适宜，并尽量降低。

⑩每周消毒2次，每周消毒药更换1次。

五、国外肥羔生产技术

（一）开展经济杂交

各国均选择适合本国条件的优秀品种，研究出最佳杂交组合方案，实行3~4个品种的杂交，把高繁殖性能、高泌乳性能和高产肉性能有机地结合起来，保持高度的杂种优势，组织商品肉羊生产。在英国，根据不同地区的海拔、气候和农业生产的特点，对肉羊生产进行了合理的分工。高山地区，由于冬季寒冷，气候恶劣，主要以饲养粗毛型的绵羊为主；丘陵地区，以饲养长毛型和杂交型绵羊及其杂交后代为主；在低地及农区，以饲养肉用绵羊品种及商品肥羔为主，使全国的养羊业形成了一条既紧密联系又相互补充的产业链，极大地提高了生产效益。

（二）密集繁殖、早期断奶

1. 实现母羊全年均衡产羔

充分利用多胎绵羊品种，或采用现代繁殖技术调节母羊的繁殖周期，缩短产羔间隔，增加产羔数，实现母羊全年均衡产羔。在不同的地区，根据不同的气候条件、品种及市场需求，实行母羊一年两产、两年三产或三年五产的繁殖配种制度或对母羊实行分组配种繁殖，2 个月左右一批，全年每个季节都有羔羊生产。

2. 早期断奶

第一，生后 1 周断奶，用代乳品进行人工育羔；第二，生后 7 周左右断奶，断奶后就可以全部饲喂植物性饲料或放牧。在美国、俄罗斯等国家采取羔羊超早期（1 ~ 3 日龄）或早期（30 ~ 45 日龄）断奶。澳大利亚大多数地区推行 6 ~ 10 周龄断奶，在干旱时期牧草枯萎时，羔羊在 4 周龄时就断奶。早期断奶还要考虑到羔羊的活重。法国认为羔羊活重比初生重大 2 倍时断奶为宜，羔羊的断奶时间通常为 28 日龄，这时断奶既可以降低羔羊人工哺育的成本，又有利于羔羊的生长发育，具有较高的实用价值。英国认为只要羔羊活重达到 11 ~ 12 kg 就可以断奶。而超早期断奶羔羊必须用人工乳（脱脂乳、脂肪、磷脂、微量元素、矿物质、维生素、氨基酸、抗生素配制而成）或代乳粉（按羊奶成分配制而成）进行哺育。

（三）同期发情、早期配种、诱发分娩

这些技术是现代羔羊生产中重要的繁殖技术，对于肥羔专业化、工厂化整批生产更是不可缺少的一环。利用激素使母羊发情同期化，可使配种时间集中，有利于羊群抓膘，节约劳动

力。最重要的是利于发挥人工授精的优点，扩大优秀种公羊的利用，使羔羊年龄整齐，便于管理。

近年来，许多国家开始采用母羊在发育良好的条件下，6～8月龄早期配种。这样使母羊初配年龄提前数月或1年，从而延长了母羊使用年限，缩短了世代间隔，提高了终生繁殖力。

在母羊妊娠末期，一般到140日龄后，用激素诱发提前分娩，使产羔时间集中，有利于大规模批量生产与周转，方便管理。诱发分娩的方法有：傍晚注射糖皮质激素或类固醇激素，12 h后即有70%母羊分娩；或预产前用雌二醇苯甲酸盐、前列腺素等，90%母羊在用药后48 h内产羔。

（四）人工控制环境条件

采用最佳环境参数按市场需要组织生产。一些国家采用现代化羊舍，对温度、湿度和光照等采用自动控制技术，使羊的生产、繁殖基本不受自然气候环境变化的影响。饲养管理的机械化、自动化程度高，尽量减少人、羊直接接触。同时，肉羊日粮的配制严格按照生产要求和不同类型羊的营养需要和饲养标准组织生产。在许多国家，优质人工草场的建设，围栏分区放牧是肉羊生产管理的重要内容，大部分人工草地实现了饲喂和饮水的自动化，劳动生产率显著提高。

（五）工厂化生产体系

工厂化生产系指在人工控制的环境下，不受自然条件和季节的限制，一年四季可以按人们的要求与市场需要进行规模大、高度集中、流程紧密连接、生产周期短及操作高度机械化、自动化的养羊生产。试验证明，3月龄肉用羔羊体重可达1周岁羊的50%，6月龄可达75%。从生长所需要的营养物质来看，饲料报酬随月龄增长而降低。例如，1月龄、2月龄、3月龄羔羊，每增加 1 kg 体重，所需要的饲料分别为 1.8、4 和 5 kg；可消化蛋白质分别为 225、450 和 600 g。养羊业发达的国家都在繁育早熟肉用羊的基础上建立专业化肥羔企业，进行肥羔生产，而且具有明显的区域性专业化分工。

（六）专业化生产

专业化的肥羔企业规模很大，每批可育肥上万只，甚至数万只的羔羊。有的本身就是一个大型的高度机械化的工厂，内设若干肥羊舍，还有颗粒饲料与混合饲料加工车间、剪毛间、兽医室等。用于生产肥羔的羊，多是一些早熟的肉用品种及其杂种羔羊。在羊的选育中都特别注意提高早熟性和产羔率。

六、育成羊的饲养管理

育成羊是指断奶至第 1 次配种前的青年公、母羊（4～18 月龄）。一般将育成羊分为育成前期（4～8 月龄）和育成后期（8～18 月龄）2 个阶段进行饲养。育成羊生长发育快，对各种营养物质的需求量多，增重强度大，这一阶段如满足其对营养物质的需要，能促进羊只的生长发育，提高生产性能；如不能满足其对营养物质的需要，则会导致生长发育受阻，易出现胸浅体窄、腿高骨细、体质弱、体重小、抗病力差等不良的个体，从而直接影响种用价值。育成期饲养应结合放牧，更注重补饲，使其在配种时达到体重要求。对育成羊应按照性别单独组群，安排在较好的草场，保证充足的饲草。精料的喂量应根据品种和各地具体条件而定，一般每天喂量 0.2～0.3 kg，注意钙、磷的补充。在配种前对体质较差的个体应进行短期优饲，适当提高精料喂量。

（一）生长发育特点

1. 生长发育速度快

育成羊全身各系统均处于旺盛生长发育阶段，与骨骼生长发育关系密切的部位仍然继续增长，如体高、体长、胸宽、胸深增长迅速，头、腿、骨骼、肌肉发育也很快，体型发生明显的变化。

2. 瘤胃的发育更为迅速

6 月龄的育成羊，瘤胃容积增大，占胃总容积的 75% 以上，接近成年羊的容积比。

3. 生殖器官的变化

一般育成母羊 6 月龄以后即可表现正常的发情，卵巢上出现成熟卵泡，达到性成熟。育成羊 8 月龄左右接近体成熟，可以配种。育成羊开始配种的体重应达到成年羊体重的 65% ~70%。

（二）饲养

1. 合理分群

断奶后，羔羊按性别、大小、强弱分群，加强补饲，按饲养标准采取不同的饲养方案，按月抽测体重，根据增重情况调整饲养方案。羔羊在断奶组群放牧后，仍需继续补喂精料，补饲量要根据牧草情况决定。

2. 适当的精料水平

育成羊阶段仍需注意精料量，有优良豆科干草时，日粮中精料的粗蛋白质含量提高到 15% ~16%，混合精料中的能量水平占总日粮能量的 70% 左右。混合精料日喂量以 0.4 kg 为好，同时还要注意矿物质、钙、磷和食盐的补给。育成公羊生长发育比育成母羊快，所以精料需要量多于育成母羊。

3. 合理饲喂

饲料类型对育成羊的体型和生长发育影响很大，优良的干草、充足的运动是培育育成羊的关键。给育成羊饲喂大量优质干草，不仅有利于消化器官的充分发育，而且可使育成羊体格高大，乳房发育明显，产奶多。

4. 适时配种

一般育成母羊在满8～10月龄，体重达到40 kg或达到成年体重的65%以上时配种。育成母羊的发情不如成年母羊明显和规律，因此要加强发情鉴定，以免漏配。育成公羊需在12月龄以后体重达到60 kg以上时再参加配种。

5. 舍饲育成羊精料配方

（1）育成前期（4～8月龄）　精料①配方为玉米68%，麦麸10%，豆饼7%，花生饼12%，磷酸氢钙1%，添加剂1%，食盐日粮组成为精料0.4 kg，苜蓿0.6 kg，玉米秸秆0.2 kg。精料②配方为：玉米50%，麦麸12%，花生饼20%，豆饼15%，石粉1%，添加剂1%，食盐1%。日粮组成：精料0.4 kg，青贮饲料1.5 kg，干草0.2 kg。

（2）育成后期（8～18月龄）　精料①配方为玉米45%，麦麸15%，花生饼25%，葵花饼13%，磷酸氢钙1%，添加剂1%，食盐1%。日粮组成为精料0.5 kg，青贮饲料3 kg，干草0.6kg。精料②配方为玉米80%，麦麸10%，花生饼8%，添加剂1%，食盐1%。日粮组成为精料0.4 kg，苜蓿0.5 kg，玉米秸秆1 kg。

（三）管理

育成期羊的管理直接影响到羊的提早攀殖，必须予以重视。

在放牧时，要注意训练头羊，控制好羊群，放牧行走距离不能过远，舍饲要加强运动，有利于羊的生长发育和防止形成草腹。育成母羊体重达35.0 kg、育成公羊在1.5岁以后体重达到40.0 kg以上可参与配种，配种前还应保持良好的体况，适时进行配种和采精调教，实现当年母羔80%参加当年配种繁殖。同时，搞好圈舍卫生，做好羊的防疫、驱虫等日常管理工作。

（四）饲养管理技术规程

①转入断奶羔羊前，空舍应维修，彻底清扫、冲洗和消毒，空舍时间一般为3～7d。

②公母分群饲养，并保持合理的饲养密度，转入后1～7d注意饲料的逐渐过渡，饲料中适当添加一些抗应激药物，并控制饲料的喂量，少喂勤添，每日3～4次，以后自由采食。

③饮水设备应放置在显眼的位置，保证羊只饮用清洁卫生的饮水。保持圈舍和运动场的卫生，形成良好的小气候环境条件。根据季节变化，做好防寒保温、防暑降温及通风换气工作，控制舍内有害气体浓度，并尽量降低。

④做好羊只的免疫、驱虫和健胃等工作。后备羊配种前体内外驱虫1次，病羊应及时隔离饲养和治疗。

⑤做好发情鉴定工作，母羊发情记录从5～6月龄时开始。仔细观察初次发情期，以便在第2～3次发情时及时配种，并做好记录。

⑥喂料时仔细观察羊只的食欲情况；清粪时观察粪便的颜色；休息时检查呼吸情况。发现病羊，对症治疗，严重者隔离饲养，统一用药。

⑦育成羊7～8月龄转入配种空怀舍，应加强饲养管理，及时查情，母羊8～10月龄或体重达到40 kg左右时进行配种。

⑧每周消毒2次，每周消毒药更换1次。

第二节　种公羊和母羊的饲养管理

一、种公羊的饲养管理

种公羊饲养管理是否合理科学，对羊群的繁殖、生产水平的提高有直接的影响，生产中必须加强种公羊的饲养管理，保证羊只均衡的营养状况力求常年健壮，提高种公羊的利用率价值，使生产正常进行。

（一）营养特点

种公羊的营养应维持在较高的水平，以使其常年精力充沛，保持中等以上膘情；配种季节前后，应加强种公羊的营养，保持中上等体况，使其性欲旺盛，配种能力强，精液品质好，充分发挥作用。种公羊精液中含高质量的蛋白质，绝大部分直接来自于饲料，因此，种公羊日粮中应有足量的蛋白质。另外，还要注意脂肪，维生素A、维生素E及钙、磷等矿物质的补充。秋冬季节种公羊性欲比较旺盛，精液品质好；春夏季节种公羊性欲减弱，食欲逐渐增强，这个阶段应有意识地加强种公羊的饲养，使其体况恢复，精力充沛。配种期种公羊性欲强烈，食欲下降，很难补充身体消耗，只有尽早加强饲养，才能保证配种季节种公羊性欲旺盛，精液品质好，圆满完成配种任务。

（二）饲料

1. 非配种期

种公羊非配种期的饲养以恢复和保持其良好的种用体况为目的。配种结束后，种公羊的体况都有不同程度的下降。为使种公羊体况尽快恢复，在配种刚结束的1～2个月内，种公羊的日粮应与配种期基本一致，但对日粮的组成可作适当调整，加大优质青干草或青绿多汁饲料的比例，并根据体况恢复的情况，逐渐转为饲喂非配种期的日粮。

绵羊、山羊品种的繁殖季节大多集中在9～11月份，非配种期较长。在冬季，种公羊的饲养保持较高的营养水平，既有利于其体况恢复，又能保证其安全越冬度春。要做到精粗饲料合理搭配，补喂适量青绿多汁饲料（或青贮料）。在精料中应补充一定的矿物质微量元素，每天混合精料的用量不低于0.5 kg，优质干草2～3 kg，多汁饲料1.0～1.5 kg，胡萝卜0.5 kg。常年补饲骨粉和食盐，食盐5～10 g，骨粉5 g。夜间适当添加青干草1.0～1.5 kg，坚持放牧和运动。夏季以放牧为主，适当补饲精料。采用高频繁殖生产体系时，公羊的利用率更高。因此，种公羊全年均衡的营养供给和科学的饲养十分重要，配种前的公羊体重比进入配种期时要高10%～15%。

种公羊非配种期精料配方：玉米54.7%，麸皮12%，豆粕13.2%，生物饲料12%，磷酸氢1%，骨粉2.5%，石粉1.2%，食盐1.3%，碳酸氢钠1%，电解多维0.1%，预混料1%。

2. 配种期

（1）配种预备期　指配种前40～45d。这一时期日粮营养水平应逐步提高，到配种开始达到标准。日粮体积不能过大，以免形成草腹，影响配种或采精。在放牧的同时，应给公羊补饲富含蛋白质、矿物质、维生素等营养丰富的日粮。日粮应由公羊喜食的、品质好的多种饲料组成，其补饲量应根据种公羊的体重、膘情与采食次数决定，一般每日补饲混合精料0.4～0.6 kg、苜蓿干草或青干草3 kg、胡萝卜0.5 kg、食盐5～10 g、骨粉

5～10 g 的标准饲喂，胡萝卜须切碎之后再喂，精料每天分 2～3 次饲喂，饮水每天 3～4 次。有条件者还可根据种公羊的利用情况喂给牛奶或鸡蛋等。可每天让种公羊饮食新鲜牛奶 0.5～1.0kg 或灌服（或拌料）鸡蛋 2～3 枚。

（2）正式配种期　种公羊在配种期内要消耗大量的养分和体力，日粮要求营养丰富全面，体积小，适口性好，易消化。因配种任务或采精次数不同，不同种公羊个体对营养的需要量相差很大。因此，要依据公羊的体况和精液品质及时调整日粮。一般对于体重 80～90 kg 的种公羊，每天饲料定额为混合精料 1.2～1.4 kg，苜蓿干草或野干草 2 kg，胡萝卜 0.5～1.5 kg，食盐 15～20 g，骨粉 5～10 g，鱼粉或血粉 5 g。对于配种任务繁重的优秀种公羊，每天应补饲 1.5～2.0 kg 的混合精料，并在日粮中增加部分动物性蛋白质饲料（如蚕蛹粉、鱼粉、肉骨粉等），以保持其良好的精液品质。

种公羊配种期精料配方：玉米 50%，麸皮 9%，豆粕 20%，生物饲料 6%，磷酸钙 1%，骨粉 5%，石粉 0.3%，食盐 1.6%，碳酸氢钠 1%，电解多维 0.1%，预混料 1%。

在配种期，配好的精料要均匀地撒在食槽内，经常观察种公羊食欲的好坏，以便及时调整饲料，判别种公羊的健康状况。种公羊要远离母羊，否则，母羊的鸣叫及发出的气味易被公羊听到或嗅到，影响种公羊的正常生活。

（三）管理

管理上必须选派责任心强，有放牧经验的牧工担任。种公羊要与母羊分群饲养，以避免发生偷配，造成系谱不清、乱交滥配、近亲繁殖等现象的发生。种公羊必须给予多样化的饲草饲料，配种期的日粮应按种公羊日粮标准供应，使种公羊保持良好的体质、旺盛的性欲以及正常的采精配种能力。种公羊圈舍要求宽敞、清洁、干燥，并有充足的光线，必要时应添设灯光照射。放牧阶段，每天要保证充足的运动量，每天安排4～6 h的放牧运动。常年放牧条件下，应选择优良的天然牧场或人工草场放牧种公羊；舍饲羊场，在提供优质全价日粮的基础上，种公羊配种采精要适度，配种比例为1∶(30～50)。

(四) 饲养管理技术规程

①种公羊舍应坚固、宽敞、通风良好，保持舍内环境卫生良好。

②管理种公羊应固定专人，不可随意更换。应注意防止公羊互相角斗，定期对公羊进行健康检查。

③种公羊在非配种期以放牧为主，适量补饲；冬春舍饲应供给多样化的饲草料与多汁饲料。

④在配种开始前1个月应做好采精公羊的排精、精液品质检查和对初次参加配种公羊的调教工作。

⑤配种开始前45d起，逐渐增加日粮中蛋白质、维生素、矿物质和能量饲料的含量。

⑥配种期要保证种公羊每天能采食到足量的新鲜牧草，并按配种期的营养标准补给营养丰富的精料和多汁饲料。

⑦配种期种公羊除放牧外，每天早晚应缓慢驱赶运动各1次，在放牧与运动时应远离母羊群。

⑧定期检查种公羊，保证公羊精神状态良好、性欲强，要做好驱虫、防疫和健胃工作，发现病羊应及时治疗。

二、母羊的饲养管理

对繁殖母羊，要求保持较高的营养水平，以实现多胎、多产、多壮的目的。母羊饲养分空怀期、妊娠期和哺乳期 3 个阶段。

（一）空怀期

空怀期的饲养任务是恢复母羊体况，增加体重，补偿哺乳期消耗。由于各地产羔季节不同，母羊空怀季节也有差异。我国北方地区产冬羔的母羊一般 5 ~ 7 月为空怀期；产春羔的母羊一般 8 ~ 10 月为空怀期。此阶段饲养以粗饲料为主，延长饲喂时间，每天饲喂 3 次，并适当补饲精料。空怀母羊这个时期已停止泌乳，但为了维持正常的生理需要，必须从饲料中吸收满足最低营养需要量的营养物质。空怀母羊需要的风干饲料为体重的2.4% ~2.6% 。管理上重点应注意观察母羊的发情状况，做好发情鉴定，及时配种，以免影响母羊的繁殖。

在空怀前期，有条件的地区放牧即可，无条件放牧的区域采取放牧加补饲。其日粮的标准为：混合精料 0.2 ~ 0.3 kg，干草 0.3 ~ 0.5 kg，秸秆 0.5 ~ 0.7 kg。配种前 1 ~ 1.5 个月进行短期优饲，增加优质干草、混合精料，提高母羊配种时的体况，以达到发情整体、受胎率高、产羔整齐、产羔数多。为保证种母羊在配种季节发情整齐、缩短配种期、增加排卵数和提高受胎率，在配种前 2 ~ 3 周，除保证青饲草的供应、适当喂盐、满足饮水外，还要对繁殖母羊进行短期补饲，每只每天喂混合精料 0.2 ~ 0.4 kg，这样做有明显的催情效果。空怀期母羊的饲养管理工作日程见表 5 – 1。

表 5-1　空怀期母羊的饲养管理工作日程

时间	饲养管理工作日程安排
6：30~7：30	观察羊群、饲喂、治疗
8：00~8：30	发情检查、配种
9：00~11：30	运动场驱赶运动，清理卫生和其他工作
11：30~14：00	休息
14：00~17：00	放牧或运动场运动，其他工作
17：00~17：30	发情检查、配种
17：30~18：30	饲喂，其他工作

(二) 妊娠期

母羊在配种后 17~20 d 内不发情，表明其已受胎妊娠。妊娠期分为妊娠前期和妊娠后期，此阶段的饲养管理对胎儿的生长及羔羊的初生重、健康状况和羔羊成活率都相当重要。

1. 饲养

(1) 妊娠前期　妊娠前期是指母羊妊娠的前 3 个月。此时多为秋、冬季节，胎儿生长发育较慢，重量仅占羔羊初生重的 10%。尤其母羊怀孕第 1 个月，受精卵在未形成胎盘之前，很容易受外界饲喂条件的影响。例如，喂给母羊变质、发霉或有毒的饲料，容易引起胚胎早期死亡，母羊的日粮营养不全面，缺乏蛋白质、维生素和矿物质等，也可能引起受精卵中途停止发育，所以母羊怀孕第 1 个月左右的饲养管理是保证胎儿正常生长发育的关键时期。此时胎儿尚小，母羊所需的营养物质虽要求不高，但必须营养全面。妊娠前期母羊对粗饲料的消化能力较强，只要搞好放牧，维持母羊处于配种时的体况即可满足其营养需要。进入枯草季节后，为满足胎儿生长发育和组织器官分化对营养物质的需要，应适当补饲一定量的优质青干草、青贮饲料等。日粮可由50%的优质青干草，35%的玉米秸秆或青贮饲料，15%混合精料组成。维生素、微量元素适量，自由舔食盐砖。

(2) 妊娠后期　妊娠后期是指母羊妊娠的后2个月。这时胎儿生长发育快，约为初生重的90%。妊娠第4个月，胎儿平均日增重40～50 g；妊娠第5个月日增重高达120～150 g，且骨骼已有大量的钙、磷沉积。母羊妊娠的最后1/3时期，对营养物质的需要增加40%～60%，钙、磷的需要增加1～2倍。此外，母羊自身也需贮备营养，为产后泌乳做准备。如果营养不足，不但羔羊初生重小，抵抗力弱，成活率低，而且母羊体质差，泌乳量低。因此，母羊在妊娠前期的基础上，能量和可消化粗蛋白质可分别提高20%～30%和40%～60%，日粮的精料比例提高到20%～30%。在产前1周，要适当减少精料的喂量，以免胎儿体重过大，造成难产。如果该时期正值枯草季节，除放牧以外，每只羊每日补饲青干草1.5～2.0kg，青贮饲料1.0～1.5 kg，混合精料0.4～0.6 kg，产双羔或三羔的母羊再增加0.2～0.3 kg精饲料，胡萝卜0.5 kg，食盐10.0 g，骨粉10 g。产前10 d左右多喂一些多汁饲料，以促进乳汁分泌。

2. 管理

(1) 做好防流保胎工作　饲草、饲料一定要优良，严禁饲喂冰冻、发霉、变质和霉变的饲草饲料。每天要密切注意羊只状态，强调“稳、慢”，羊只出去圈舍要平稳、严防拥挤，不驱赶、不惊吓，提防角斗，不跨沟坎，不让羊走冰滑地，抓羊、堵羊和其他操作时要轻。羊圈面积要适宜，每只羊在2～2.5 m^2为宜，防止过于拥挤或由于争斗而产生顶伤、挤伤等机械伤害，造成流产。

母羊妊娠后期仍可以放牧，但要选择平坦开阔的牧场，保持一定的运动，有利于胎儿的生长，产羔时不易发生难产，出牧、归牧不能紧追急赶。对于可能产双羔的母羊及初次参加配种的小母羊要格外加强管理。母羊临产前 1 周左右，放牧时不得走远，应在羊舍附近做适量的运动，以保证分娩时能及时回到羊舍。

（2）保证清洁的饮水　不饮冰冻水、变质水和污染水，最好饮井水，可在水槽中撒些玉米面、豆面，以增加羊只饮水欲。

（3）做好防寒工作　秋、冬季节逐渐下降，一定要封好羊舍的门窗和排风洞，防止贼风，以降低能量消耗。

母羊产前 2 周左右，应适当控制粗料的饲喂量，尽可能喂些质地柔软的饲料，如氨化、微贮或盐化秸秆以及青绿多汁饲料，精料中要增加麸皮喂量，以利于通肠利便。母羊分娩前 7 d 左右，应根据母羊的消化、食欲状况，减少饲料的喂量。

产前 2 ~ 3 d，若母羊体质好，乳房膨胀并伴有腹下水肿，应从原日粮中减少 1/3 ~ 1/2 的饲料喂量，产羔当天不给母羊喂精料，喂易消化的青草或干草，饮温热的麸皮水，加放一些食盐和红糖，以防母羊分娩初期乳量过多或乳汁过浓而引起母羊乳腺炎、回乳和羔羊消化不良而下痢；对于比较瘦弱的母羊，如若产前 1 周乳房干瘪，除减少粗料喂量外，还应适当增加豆饼、豆浆或豆渣等富含蛋白质的催乳饲料以及青绿多汁的饲料，以防母羊产后缺奶。母羊产后逐渐增加精料喂量，10 ~ 14 d 增到最大喂量。妊娠期母羊的饲养管理工作日程见表 5 - 2。

表 5-2 妊娠期母羊的饲养管理工作日程

时间	饲养管理工作日程安排
5：30~6：00	观察羊只，清洗料槽和水槽
6：00~7：00	饲料的准备与拌料
7：00~9：00	饲喂、休息、运动
9：00~10：30	清扫羊舍、换水
10：30~14：00	羊只运动、休息、反刍，运动场补饲
14：00~15：30	观察羊只、清洗料槽，准备饲料、拌料
15：30~17：30	喂料、运动、休息
17：30~18：30	清理羊舍
18：30~5：30	羊只休息

（三）哺乳期

1. 饲养

母羊产羔后进入哺乳期，哺乳期为 3~4 个月。生产中，将哺乳期划分为哺乳前期和哺乳后期。哺乳前期是羔羊生后前 2 个月，此时，母乳是羔羊的主要营养物质，尤其是出生后 15~20 d 内，母乳几乎是唯一的营养物质。测定表明，羔羊每增重 1 kg需哺乳 5~6 kg，因此，这一阶段的主要任务是保证母羊有充足的乳汁。为保证母羊的母乳力，除放牧外，必须补饲青干草、多汁饲料和精饲料。产单羔的母羊每天补饲混合精料 0.3~0.5 kg，产双羔的母羊和高产母羊每天补给混合精料 0.5~0.7 kg，产单、双羔母羊均补饲优质干草 3~3.5 kg，胡萝卜 1.5 kg。冬季尤其要补饲多汁饲料。

哺乳期母羊精料配方：玉米 53.2%，麸皮 8%，豆粕 6%，棉籽粕 12%，生物饲料 14%，磷酸氢钙 1%，石粉 1.2%，食盐

2%，碳酸氢钠1.2%，电解多维0.1%，预混料1%。

哺乳后期母羊的泌乳能力逐渐下降，即使加强补饲，也很难达到哺乳前期的泌乳水平，而且羔羊的瘤胃功能已趋于完善，能采食一定的青草和粉碎的饲料，对母乳的依赖程度减小，饲养上应注意恢复母羊体况和为下一次配种做准备。因此，对母羊可逐渐降低补饲标准，一般混合精料可降至0.3~0.4 kg，青干草1.0~2.0 kg，胡萝卜1.0 kg。羔羊断奶前几天，要减少多汁饲料和混合精料的喂量，以免发生乳腺炎。

2. 管理

对产后母羊的护理应注意保暖、防潮、避免伤风感冒，要保持圈舍卫生干燥、清洁和安静。产羔后1 h左右，应给母羊饮1.0~1.5 L温水或豆浆水，切忌饮冷水。同时要喂给优质干草，前3 d尽量不喂精饲料，以免引发乳腺炎。饲喂精饲料时，要由少到多逐渐增多。随着母羊初乳阶段的结束，精料量和青饲料可逐渐增至预定量。经过助产的母羊，要向子宫注入适量的抗菌素，对难产的母羊要精心治疗。

早春时节天气仍然寒冷，对产羔舍要采取保温措施，不能有贼风侵入，舍内地上要垫上清洁柔软的垫料。产羔舍在母羊未进入前要彻底消毒，以后每隔5 d用消毒剂喷洒1次。临产的母羊要提前1~2周进入产房。产前20 d必须喂低钙日粮，日粮中的钙含量以0.2%为宜，产后立即增到0.8%，可防止母羊产后瘫痪。产前5~6 d给母羊注射维生素D也能有效预防产后瘫痪。产后立即注射催产素5~10 IU、产后康2支，预防产褥热、乳腺炎、子宫炎的发生，促进母羊子宫早日复原，尽早发情配种。也可灌服益母草汤。

产后30 d进行有关疫苗的预防注射。配种前驱虫，有利于母羊怀孕，防止由寄生虫引起流产。畜卫佳粉剂驱除母羊体内线虫和体表寄生虫效果好，丙硫苯咪唑能驱除绦虫、吸虫、线虫等，两者合用具有很好的互补作用。一般在母羊产后40～60 d配种，不能自然发情的要进行人工催情。母羊配种前体重每增加1 kg，产羔率可提高2.1%。在配种前20 d增加精饲料的喂量，特别是能量饲料，能明显提高母羊的受胎率。哺乳期母羊的饲养管理工作日程见表5－3。

表5－3 哺乳期母羊的饲养管理工作日程

时间	饲养管理工作日程安排
5：30～6：00	观察羊只，清洗料槽和水槽
6：00～7：00	饲料的准备与拌料
7：00～9：00	羔羊吃乳、饲喂、休息、运动
9：00～10：30	清扫羊舍、换水
10：30～12：00	羔羊吃乳、喂料
12：00～14：00	羊只运动、休息、反刍，运动场补饲
14：00～15：30	观察羊只、清洗料槽，准备饲料、拌料
15：30～17：30	羔羊吃乳、喂料、运动、休息
17：30～18：30	清理羊舍、观察羊群、羔羊吃乳、
18：30～5：30	羊只休息

（四）母羊饲养管理技术规范

①母羊应安排到牧草丰茂的草场放牧，以使其迅速增膘，保证配种时达到良好的体况。若草场条件差，配种前应适当补饲一定量的精料，补饲量一般为0.2～0.3 kg。

②配种前应做好免疫、健胃等工作，应调整好母羊群，及时淘汰老弱病残的个体，补充优秀的后备母羊。

③已配与未配母羊应分群饲养，加强未配母羊的放牧和试

情，防止遗漏发情母羊而错失配种时机。

④妊娠母羊在妊娠前期（前13周）以放牧为主，妊娠后期（后8周）应采取放牧加补饲或全舍饲饲养。

⑤母羊妊娠期应做好保胎工作，妊娠母羊圈门要宽大，防拥挤、防急行、防滑跌、防跳沟、防惊群，禁止饮冰渣水，禁喂发霉变质的饲草料。

⑥母羊产羔前应修剪后腿内侧及乳房周围的羊毛，对难产母羊、体弱母羊应做好人工助产，产后要经常检查乳房和外阴户，及时治疗病变。

⑦哺乳母羊一般采取舍饲或就近放牧，除供给足量的精料外，应尽可能补饲多汁饲料或青贮饲料，保证充足的饮水，以增加泌乳量。

⑧母羊舍应保持干燥、卫生，定期或不定期消毒。

⑨要经常仔细、认真观察羊只的精神状态、采食饮水、粪便颜色等，发现病变应及时治疗。

三、成年羊育肥技术

成年羊育肥时应按照品种、活重和预期增重等主要指标确定育肥方案和日粮标准。育肥方式可根据羊的来源和牧草生长季节来选择。

（一）选羊与分群

要选择膘情中等、身体健康、牙齿好的羊只育肥，淘汰膘情很好和极差的羊。挑选出来的羊应按体重大小和体质状况分群，一般把相近情况的羊放在同一群育肥，避免因强弱争食造成较大的个体差异。

（二）准备工作

育肥前，应对羊只进行全面健康检查，凡病羊均应治愈后育肥。过老、采食困难的羊只不宜育肥，淘汰公羊应在育肥前10 d左右去势。育肥羊在进入育肥前应注射肠毒血症三联苗，并进行驱虫，同时在圈内设置足够的水槽和料槽，并对羊舍及运动场进行清洁与消毒。

（三）育肥技术

1. 育肥时间

成年羊的整个育肥期可分为预饲期（15 d）、正式育肥期（30～50 d）和出栏期3个阶段：①预饲期。主要任务是让羊只适应新的环境和适应饲料、饲养方式的转变，并完成健康检查、注射疫苗、驱虫、分群、灭癣等生产操作，预饲期以粗饲料为主，适当搭配精饲料，并逐渐将精饲料的比例提高到40%～50%。②正式育肥期。精料的比例可提高到60%。其中玉米、大麦等籽实类能量饲料可占80%左右。③出栏期。当育肥羊的育肥期达到50 d时必须出栏，此时成年羊的生长发育已经基本停止，羊的生长发育速度和饲料利用率较低，若延长育肥时间则经济效益较低。

2. 育肥方式

（1）放牧—补饲型　夏季，成年羊的育肥以放牧为主，其日采食青绿饲料可达5～6 kg，精料0.4～0.5 kg，育肥平均日增重为140 g左右。秋季，主要选择老龄羊或淘汰羊进行育肥，育肥期一般为80～100 d，首先利用农田茬地或秋季牧场放牧，待膘情好转后，直接转入育肥舍进行短期强度育肥。此种育肥典型的日粮组成如下。

配方一：禾本科干草0.5 kg，青贮玉米4.0 kg，碎谷粒0.5 kg。此配方日粮中的干物质含量为40.60%，代谢能17.974 MJ，粗蛋白质4.12%，钙0.24%，磷0.11%。

配方二：禾本科干草0.5 kg，青贮玉米3.0 kg，碎谷粒0.4 kg，多汁饲料0.8 kg。此配方日粮中的干物质含量为40.64%，代谢能15.884 4 MJ，粗蛋白质3.83%，钙0.22%，磷0.10%。

（2）颗粒饲料型　此法适用于有饲料加工条件的地区和饲养的羊为肉用成年羊或羯羊。典型的日粮组成如下。

配方一：禾本科草粉30.0%，秸秆44.5%，精料25.0%，磷酸氢钙0.5%。此配方每千克饲料中干物质含量为86%，代谢能7.106 MJ，粗蛋白质7.4%，钙0.49%，磷0.25%。

配方二：秸秆44.5%，草粉35.0%，精料20.0%，磷酸氢钙0.5%。此配方每千克饲料中干物质含量为86%，代谢能6.897 MJ，组蛋白质7.2%，钙0.48%，磷0.24%。

（四）饲养管理要点

1. 选择理想的日粮配方

选好日粮配方后，应严格按比例称量配制日粮。为提高育肥效益，应充分利用天然牧草、秸秆、树叶、农副产品等，应多喂青贮饲料和各种藤蔓等，同时适当加喂大麦、米糠、菜籽饼等精饲料。

2. 合理安排饲喂制度

成年羊的日喂量依配方不同有一定的差异，一般要求每天饲喂2次，日喂量以饲槽内基本无剩余饲料为标准。

3. 合理使用添加剂

肉羊育肥中，饲喂一定量的饲料添加剂可以改善羊的代谢机能，提高羊的采食能力、饲料利用率和生产效益。

(1) 瘤胃素　又称莫能菌素、莫能菌素钠。瘤胃素作为一种离子载体，主要作用是控制和提高瘤胃发酵效率，提高饲料的利用效率，既能减少瘤胃蛋白质的降解，使过瘤胃蛋白质的数量得到增加，又可提高到达胃的氨基酸数量，减少细菌进入胃内，同时还可影响碳水化合物的代谢，抑制瘤胃内乙酸的产量，提高丙酸的比例，保证给羊提供更多的有效能。试验表明，舍饲条件下绵羊饲喂瘤胃素，饲料利用率可提高27%。

(2) 非蛋白氮添加剂　最常用的是尿素，使用时，其添加量为日粮干物质的1%或混合料的2%。饲喂时，要让羊只有一个适应的过程，一般10 d左右达到规定的剂量，必须与其他饲料充分混合均匀，切忌一次性投喂，以免尿素水解速度过快而导致中毒。

第三节　山羊的饲养管理

一、山羊的饲养管理

（一）奶山羊

1. 哺乳期，羔羊的培育

哺乳期是指羔羊出生到断奶这一阶段，羔羊的哺乳期一般为2～3个月，这一阶段是羊一生中生长发育速度最快的时期，它在4个月内体重增长7～8倍。哺乳期羔羊的培育分为初乳阶段（出生到5日龄）、常乳阶段（6～60日龄）、由奶到草料的过渡阶段（61～90日龄）和以草为主的阶段（91～120日龄）

(1) 初乳阶段　羔羊生后5 d以内为初乳期。初乳是羔羊生后唯一获取的营养物质。初乳宜于生后 20 ~ 30 min 内饲喂，让羔羊随母羊自然哺乳，一昼夜哺喂次数以 6 ~7 次为宜。要细心观察，当发现羔羊拱腰鸣叫、肚子较扁、无精打采、被毛蓬松等表现时，表明羔羊没有吃足初乳，应及时饲喂。

(2) 常乳阶段　羔羊出生 6d 后进入常乳阶段。这一阶段要保证羔羊吃足常乳，哺乳时要做到“四定”。①定时。按规定的时间要求，安排一昼夜的哺乳，开始每隔 3 h 喂 1 次，每日 4 ~6 次，2 月龄以后减为 3 次，3 月龄以后减为 2 次，4 月龄时减为 1 次，直至断奶。②定量。哺喂常乳初期，每只羔羊每次哺喂 0. 25 kg，随着日龄的增长和体重的增加，哺乳量也要增加。一般而言，一昼夜的哺乳量应不低于体重的 16% 为宜。③定温。人工哺乳时，奶温应控制在 38 ~42℃。④定质。饲喂羔羊的奶汁要求新鲜、清洁，最好是刚挤出的鲜奶。

(3) 奶到草料的过渡阶段　羔羊 10 ~ 15 日龄后，可以训练采食新鲜的青、干草，20 日龄后可以补饲一定量的精料。其精料的喂量见表 5 –4。

表 5 –4　羔羊精料喂量 g

项目	20 日龄	40 日龄	60 日龄	90 日龄	120 日龄
精料喂量	30	60	120	220	460

此阶段，日粮中可消化蛋白质以 16% ~17% 为最佳，可消化总养分以 74% 为宜。后期不断减少奶量时，应以优质的青、干草和精料为主。其混合精料的日粮组成可参考以下配方。配方一：玉米 50%、大麦 12%、麸皮 1.5%、豆饼 30%、苜蓿粉 1.0%、糖蜜 2.0%、食盐 0.5%、磷酸钙 1.8%、碳酸钙 0.9%、无机盐预混剂 0.3%。配方二：玉米 48%、大麦 10%、麸皮

4%、豆饼30%、首蓿粉1.6%、糖蜜3.0%、食盐0.5%、磷酸钙1.8%、碳酸钙0.8%、无机盐预混剂0.3%。

(4) 以草为主的阶段 羔羊90日龄以后，应以草料为主，奶量可以减少或不喂。选用优质的干草、青绿饲料和混合精料饲喂。

2. 青年羊的饲养管理

青年羊指从羔羊断奶到配种前的羊。羊的青年阶段正处在生长发育比较强烈的阶段，其体重、躯干宽度、深度和长度都迅速增长，做好本阶段的饲养管理，对促进生长发育，适时配种产羔与提高产奶量都有重要意义。

青年羊最理想的饲养方式为放牧加补饲。断奶后至8月龄，每天在吃足优质干草的基础上，补饲混合精料250~300 g，其中可消化粗蛋白质的含量不应低于15%。18月龄配种的母羊，每日给精料400~500 g，如果草的质量好，可适当减少精料喂量。青年母羊一般满8~10月龄，体重达到35 kg以上即可参加配种。青年公羊的生长速度比青年母羊快，应多喂一些精料。运动对青年公羊更为重要，不仅有利于生长发育，而且可以防止形成草腹和恶癖。青年公羊在10月龄以上，体重达到40 kg以上方可进行配种。其混合精料的日粮配方为：玉米52%、麸皮10%、豆饼20%、苜蓿粉10%、糖蜜5%、食盐1%、磷酸钙1%、无机盐预混剂1%。

3. 泌乳羊的饲养管理

奶山羊的泌乳期依照泌乳规律可分为4个阶段，即泌乳初期、泌乳盛期、泌乳中期和泌乳末期。各个时期的饲养管理不尽相同。

(1) 泌乳初期 母羊产羔后20d内为泌乳初期，也叫恢复期。由于母羊刚分娩，体质虚弱，腹部空虚且消化功能较差，生殖器官尚未恢复，泌乳及血液循环系统功能不很正常，部分羊乳房、四肢和腹下水肿还未消失。因此，此期饲养目的是尽快恢复母羊的食欲和体力，减少体重损失，确保母羊泌乳量稳定上升。产后应禁止母羊吞食胎衣，产后5~6 d应饲喂易消化饲料，如优质青干草，饮用温盐水小米、盐钙汤（麸皮100 g、食盐5 g、碳酸钙5 g、温开水1~2 L）或益母红糖汤（益母草粉30 g、红糖60 g、水1 000 mL，煎服，每日1次，连用3 d），6 d以后逐渐增加青贮饲料或多汁饲料，14 d后精料的喂量应根据母羊的体况、食欲、乳房膨胀程度、消化能力等具体情况而定，防止突然过量导致腹泻和胃肠功能紊乱。日粮中粗蛋白质含量以12%~14%为宜，具体含量要根据粗饲料中粗蛋白质的含量灵活运用，粗纤维的含量以16%~18%为宜，干物质采食量按体重的3%~4%供给。

（2）泌乳盛期　产后20~120d为泌乳高峰期，其中又以产后40~70 d产奶量最高，大约占全泌乳期产奶量的50%，这个时期母羊的饲养管理水平对泌乳能力的发挥起关键性作用。母羊产后20 d，体质逐渐恢复，泌乳量不断上升，体内蓄积的营养不断流失，体重明显下降，应特别注意增加饲喂次数及喂量，营养要完全，并给以催奶饲料。催奶从产后20 d开始，在原来精料量（0.5~0.75 kg）的基础上，每天增加50~80 g精料，只要奶量不断上升，就继续增加，当增加到每千克奶给0.35~0.40 kg精料而奶量不升时，就要停止加料，并维持该料量5~7 d，然后按泌乳羊饲养标准供给。此时要前边看食欲（是否旺盛），中间看奶量（是否继续上升），后边看粪便（是否拉软粪），要时刻保持羊只旺盛食欲，并防止消化不良。

高产母羊的泌乳高峰期出现较早，而采食高峰出现较晚，为了防止泌乳高峰期营养亏损，要求饲料的适口性要好、体积小、营养高、种类多、易消化。要增加饲喂次数，定时定量，少给勤添。增加多汁饲料和豆浆，保证充足饮水，自由采食优质干草和食盐。

(3) 泌乳中期　母羊产后 120 ~ 210d 为泌乳后期，该期泌乳量逐渐下降，在饲养上要调配好日粮，尽量避免饲料、饲养方法及工作日程的改变，多给一些青绿多汁饲料，保证清洁的饮水，缓慢减料，加喂粥料，加强运动，按摩乳房，精细管理，尽可能地使高产奶量稳定保持一个较长时期。

(4) 泌乳末期　产后 210d 至干奶（9 ~ 11 月）为泌乳后期，由于气候、饲料的影响，尤其是发情与怀孕的影响，产奶量显著下降，饲养上要想法使产奶量下降得慢一些。泌乳高峰期精料的增加，是在产奶量上升之前，而此期精料的减少，是在产奶量下降之后，以减缓奶量下降速度。

4. 干乳羊的饲养管理

母羊经过 10 个月的泌乳和 3 个月的怀孕，营养消耗很大，为了使其有个恢复和补充的机会，应停止产奶，停止产奶的这段时间叫干奶期。母羊在干奶期应得到充足的蛋白质、矿物质和维生素，使母羊乳腺组织得到恢复，保证胎儿发育，为下一轮泌乳贮备营养。

干奶期的长短取决于母羊的体质、产奶量高低、泌乳胎次等，干奶期母羊饲养可分为干奶前期和干奶后期。

(1) 干奶前期　此期青贮饲料和多汁饲料不宜饲喂过多，以免引起早产。营养良好的母羊应喂给优质粗饲料和少量精料，营养不良的母羊除优质饲草外，要加喂一定量混合精料，此外，还应补充含磷、钙丰富的矿物质饲料。

(2) 干奶后期　奶羊干奶后期胎儿发育较大，需要更多的营养，同时为满足分娩后泌乳需要，干奶后期应加强饲养，饲喂营养价值较高的饲料。精料喂量应逐渐增加，青干草应自由采食，多喂青绿饲料。

营养物质的给量应依据妊娠母羊的饲养标准，一般按体重50 kg，日产奶1.0～1.5 kg计算，每日供给优质豆科干草1.0～1.5 kg，玉米青贮1.5～2.5 kg，混合精料0.5 kg。母羊分娩前1周左右，应适当减少精料和多汁饲料。干奶期要注意羊舍的环境卫生，以减少乳房感染。防止羊只相互顶撞，出入圈门谨防拥挤，严防滑到，注意保胎。每天刷拭羊体，避免感染虱病和皮肤病。母羊应坚持运动，但不能剧烈。产前1～2 d，让母羊进入产羔舍，查准预产期并做好接产准备。

(二) 绒山羊

1. 种羊的饲养管理

(1) 配种期　配种期公羊的日粮营养要全面，特别是蛋白质数量要足、品质要好，以保证种公羊射精量多，精子密度大和母羊的受胎率高。

配种期每日供给种公羊精料混合料0.7～0.8 kg，其中玉米不超过50%，饼粕类不少于20%，另外，补喂鸡蛋2枚，骨粉1%，食盐2%。

配种期公羊要加强运动，及时修蹄和经常检查生殖器官的健康状况。

(2) 非配种期　这一时期近10个月时间，种公羊经过2个月的配种，体力消耗很大，故在当年12月至翌年1月为增膘复重阶段。2～8月主要靠放牧饲养；8月下旬至10月下旬是准备配种时期，一定要让公羊早日排精，开始时可每2周1次，进而每周1次，再接下来每周2次，直至隔日排精1次。

2. 成年母羊的饲养管理

（1）空怀期　空怀期是指从羔羊断乳至下期配种前的2～3个月时间。饲养任务是恢复母羊体况，增加体重，补偿哺乳期消耗，为下次配种做好准备。①适时断乳。根据具体情况，尽可能早把羔羊断乳、分群，以减轻母羊负担。断乳时间可视具体情况而定，原则上最早为30日龄，最晚为120日龄。②加强营养，补偿哺乳消耗。日喂混合精料0.45～0.60 kg，优质干草0.60～0.75 kg，秸秆等粗料自由采食。对体质较差、体况瘦弱的羊要适当增加混合精料的补给，使母羊在配种前达7～8成膘，要把握好膘情，切忌过肥。③短期优饲。在配种前20～30 d采取短期优饲，增加优质干草、混合精料给量，同时加强运动，促进母羊集中发情，可以提高双羔率5%～10%。④驱虫、防疫。对母羊全群体内、外寄生虫进行驱虫，布氏杆菌检疫，在配种前三周注射口蹄疫疫苗。

（2）妊娠前期　母羊妊娠后的前2个月为妊娠前期。妊娠前期胎儿发育较慢，又处在牧草籽实成熟和补饲优质饲草时期，故放牧即可满足其营养需要或稍加补饲即可。其补饲饲料的量为日喂0.45～0.60 kg混合精料，优质干草和秸秆各0.5～0.7 kg，钙4～5 g，磷2～3 g，维生素、微量元素适量，自由啖盐。

（3）妊娠后期　母羊除维持自身营养外，还需供给胎儿所需的营养物质。羔羊初生重的90%是在妊娠后期发生的，母羊妊娠后期热能代谢比空怀期高60%～80%，可消化粗蛋白质提高150%，钙和磷增加1～2倍。妊娠后期精料补量每天为0.5～0.7 kg，优质干草2.5 kg，有条件可补喂胡萝卜0.3～0.5 kg，钙8～12 g，磷4～6 g，维生素、微量元素适量，自由啖盐。每天上、下午各驱赶运动 1.5 h，行走 2.5 km 左右，在圈舍内进行。

妊娠期母羊不能饲喂腐败、发霉或冰冻的饲料，也不能饲喂过多具有轻泻作用的青贮料。放牧时应避开霜和冷露，早上出牧可晚一些，最好饮温水，不要鞭打和驱赶羊，出入羊圈时要防止拥挤，以防流产，禁止进行防疫注射，避免使用影响胎儿发育的药物。

(4) 哺乳期　母羊的泌乳力通常以羔羊的增重来衡量，羔羊出生 2 周后体重达到初生时的 2 倍为正常，对达不到要求的要改善饲养管理。单羔母羊每天补精料 0.3～0.4 kg，双羔母羊补精料 0.4～0.6 kg。随着羔羊开始采食饲料和草料，母羊的营养标准可逐步降低。

(5) 配种期　配种期应保证母羊蛋白质、矿物质和维生素的营养，特别是钙、磷、维生素 A 和维生素 D 的供应。在配种前 20 d 要对母羊实行短期优饲，每日供给混合精料 0.2 kg，瓜菜类多汁饲料 0.5 kg，以达到促使母羊多排卵、提高母羊受胎率和双羔率的目的。

二、奶山羊挤奶技术

挤奶是奶山羊泌乳期的一项日常管理工作，技术要求高，劳动强度大。挤奶技术的好坏不仅影响产奶量，而且会因操作不当而造成羊乳房疾病。挤奶包括机器挤奶和人工挤奶 2 种方法。

(一) 机器挤奶

欧美奶山羊业发达国家普遍采用机器挤奶的方法，奶山羊场一般都配有不同规格的挤奶间，挤奶间的构造比较简单，配置8～12个挤奶杯，挤奶台距地面约1 m，以挤奶员操作方便为宜。挤奶机的关键部件为挤奶杯，其设计是根据奶山羊的泌乳特点和乳头构造等确定的。发育良好的乳房围度为37～38 cm。乳头长短要适中，过小不利于操作。乳头距挤奶台面的距离应在20 cm以上，否则容易造成羊奶污染。奶山羊机器挤奶的速度很快，3～5 min即可完成，前2 min内的挤奶量大约为产奶量的85%。目前的奶山羊挤奶机每小时可挤100～200只。

（二）人工挤奶

我国的奶山羊集约化生产程度不高，以小型羊场或农户饲养为主，均采用人工挤奶方式。

1. 挤奶室及其设备

饲养奶山羊较多的羊场，应有专门的挤奶室，设在羊舍一端，室内要清洁卫生，光线明亮，无尘土飞扬，设有专门的挤奶台（图5－1），台面距地面40 cm，台宽50 cm，台长110 cm，前面颈伽总高为1.3 m，颈伽前方设有饲槽，台面右侧前方有方凳，为挤奶员操作时的座位。另外，需配备挤奶桶、热水桶、盛奶桶、台秤、毛巾、桌凳和记录表格等。

2. 挤奶操作规程和方法

为便于操作和有利于奶品卫生，奶羊在产羔后应将其乳房周围的毛剪去，挤奶人员的手指甲应经常修秃，工作服要常洗换。挤奶员对待奶羊要耐心、和善，挤奶室要保持安静，切忌吵闹、惊扰。

（1）挤奶羊的固定　将羊牵上挤奶台（已习惯挤奶的母羊，会自动走上挤奶台），然后再用颈伽或绳子固定。在挤奶台前方的食槽内撒上一些混合精料，使其安静采食，方便挤奶。

（2）擦洗乳房　挤奶前擦洗乳房，水温要保持在45～50℃，

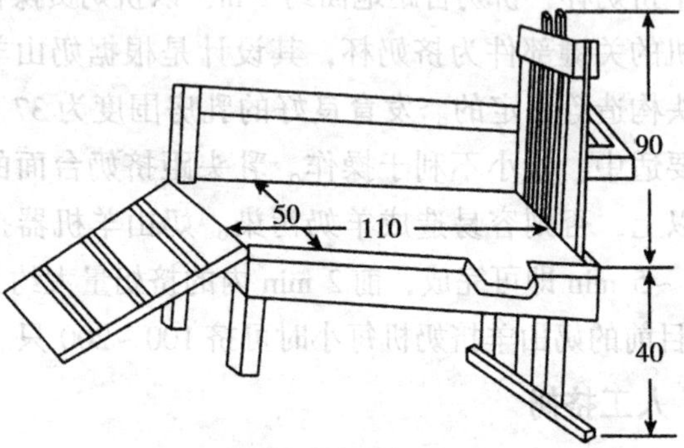

图5－1　奶山羊挤奶台（单位：cm）

先用湿毛巾擦洗，然后将毛巾拧干再进行擦干。这样既清洁，又因温热的刺激能使乳静脉血管扩张，使流向乳房的血流量增加，促进泌乳。

（3）按摩乳房　挤奶前充分按摩乳房，给予适当的刺激，促使其迅速排乳。按摩的方法有3种：一是用两手托住乳房，左右对揉，由上而下依次进行，每次揉3～4遍，约0.5 min；二是用手指捻转刺激乳头，约0.5 min（超过2 min会引起慢性乳头部外伤，导致乳腺炎），刺激不要过度，以免造成疼痛；三是顶撞按摩法，即模仿羔羊吃奶顶撞乳房的动作，两手松握两个乳头基部，向上顶撞2～3次，然后挤奶，这3种按摩方法可依次连续进行，因为血液中的催产素是于开始刺激后的2 min时浓度最高，以后便急剧下降，约0.5 min即结束。为此，擦洗和按摩的时间不可过长，一般不要超过3 min，否则将会错过最适宜的挤奶时间，引起不良后果，如产奶量减少，乳房发病率增加等。

（4）拳握挤奶　采用双手拳握法挤奶能引起强烈的排乳反

射、挤的奶多，方法是先用大拇指和食指合拢卡住乳头基部，堵住乳头腔与乳池间的孔，以防乳汁四流。然后轻巧而有力地依次将中指、无名指、小指向手心收压，促使乳汁排出。每握紧挤一次奶后，大拇指和食指立即放松，然后再重新握紧，如此有节律地一握一松反复进行，操作时双手要分别握住两个乳头，两手动作要轻巧敏捷，握力均匀，速度一致，交替进行。对于个别乳头短小，无法挤压的，可采用滑挤法，即用拇指和食指捏住乳头，由上向下滑动，挤出乳汁（图5－2）。

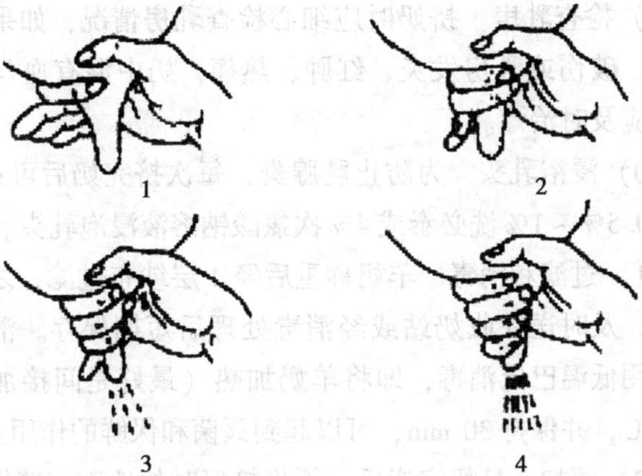

图5－2　压榨法挤奶示意图

（5）挤奶速度要快　因排乳反射是受神经支配并有一定时间限制的，超过一定时间，便挤不出来了。因此，要快速挤奶，中间不停，一般每分钟为80～100次为宜，挤完一只羊需3～4 min。切忌动作迟缓或单手滑挤。

（6）奶要挤干净　每次挤奶务必挤干净，如果挤不净，残存的奶容易诱发乳腺炎，而且还会减少产奶量，缩短泌乳期。

因此，在挤奶结束前还要进行乳房按摩，挤净最后一滴奶。

（7）增加挤奶次数　乳房内压力越小，乳腺泌乳越快、越多。因此，适当增加挤奶次数，减少乳房的内压力就可增加泌乳速度，提高产奶量。据测算，高产奶山羊在良好的饲管条件下，每天挤2次比挤1次可提高产奶量20%～30%，每天挤3次比挤2次提高12%～15%。从实用和方便的方面考虑，一般羊应每天挤2次，高产羊应挤3次。

（8）做到“三定”　即每天挤奶要定时、定人、定地，不要随意变更。此外，挤奶环境要安静。

（9）检查乳房　挤奶时应细心检查乳房情况，如果发现乳头干裂、破伤或乳房发炎、红肿、热痛，奶中混有血丝或絮状物时，应及时治疗。

（10）浸浴乳头　为防止乳腺炎，每次挤完奶后可选用1%碘液、0.5%～1%洗必泰或4%次氯酸钠溶液浸泡乳头。

（11）过滤和消毒　羊奶称重后经4层纱布过滤，之后装入盛奶瓶，及时送往收奶站或经消毒处理后短期保存。消毒方法一般采用低温巴氏消毒，即将羊奶加热（最好是间接加热）至60～65℃，并保持30 min，可以起到灭菌和保鲜的作用。

（12）清扫　挤奶完毕后，须将挤奶时的地面、挤奶台、饲槽、清洁用具、毛巾、奶桶等清洗、刷洗干净。毛巾等可煮沸消毒后晾干，以备下次挤奶时使用。

3. 山羊奶的贮存

（1）低温保存　生鲜奶的盛装应采用表面光滑、不锈钢制成的桶和贮奶罐，置于低温处（冷槽、冷库），以防止温度升高。如将鲜奶冷却到18℃时，对其保存也有一定的作用；冷却到13℃时，可保存12 h以上。由于冷却只能暂时阻止微生物的活动，当奶温升高时，微生物又会开始活动，所以奶在冷却后应在整个保存期间维持低温条件，一般贮藏的温度为4~5℃。

(2) LP体系法　即活化羊奶中过氧化物酶体系保存鲜奶法，向鲜奶中添加12mg/kg硫酸氰酸盐（SCN^-）和8.5 mg/kg过氧化氢（H_2O_2），可使鲜奶在30℃时保鲜7~8 h，在15℃时保鲜24~26 h，在3~5℃时保鲜5~7昼夜不变质，该方法保鲜效果好，对消费者的健康无害，经济、简便，不需要任何设备。

第四节　常见羊疾病防治技术

一、羊链球菌病

羊链球菌病是由C型败血性链球菌引起的羊的一种以高热、出血性败血症和胸膜肺炎为特征的急热性、败血性传染病。

(一) 病原特征

羊溶血性链球菌为革兰氏阳性菌，对外界抵抗力不强，常用的消毒剂能有效杀灭。

(二) 流行病学

病羊和带菌羊是本病的主要传染源，主要经呼吸道和损伤的皮肤感染，绵羊和山羊均易感。本病的流行具有明显的季节性，在每年10月份到次年4月份多发。

(三) 临床症状

潜伏期一般为2~7 d，少数可长达10 d。

1. 最急性型

病羊初期不出现明显症状，常于24小时内死亡。

2. 急性型

病初体温升高到41℃以上，精神沉郁、食欲减退或废绝，反刍停止，眼结膜充血，随后流出脓性分泌物。鼻腔流出浆液性脓性鼻汁，颌下淋巴肿胀，呼吸困难，多数因窒息死亡，病程2～3 d。

3. 亚急性型

精神沉郁，步态不稳，体温升高，食欲下降。排出黏液性稀便，鼻液增多，咳嗽，呼吸困难，病程1～2周。

4. 慢性型

症状表现较轻微，但愈后多不良，病程1个月左右。

（四）病理变化

各个脏器广泛出血，淋巴结肿大出血。鼻、咽喉和气管黏膜出血。肾质脆、变软，包膜不易剥离。各个器官浆膜面附有纤维素性渗出物。胸腹腔及心包腔积液。

（五）防治措施

1. 预防

①平时加强饲养管理，做好抓膘、保膘及防寒保暖工作。

②做好卫生消毒工作，不从疫区引进羊只。

③在发病季节前用羊链球菌氢氧化铝疫苗或羊链球菌甲醛疫苗免疫接种。

④发生本病后，做好隔离治疗、消毒焚尸等工作。

2. 治疗

①青霉素80万～160万单位/次，肌肉注射，2次/天，连用2～3 d。

②10%磺胺嘧啶，10 毫升/次，肌肉注射，1 ~2 次/天，连用3 d。

二、羊传染性脓疱病

羊传染性脓疱又称传染性脓疱性皮炎或“羊口疮”，是由传染性脓疱病毒引起的急性、接触性传染病，其特征为口、唇等处的皮肤和黏膜上形成丘疹、脓疱、溃疡，破溃后结成疣状厚痂。

（一）病原特征

病原属于痘病毒科副痘病毒属，对环境抵抗力强，但对高温较为敏感。

（二）流行病学

病羊和带毒羊是本病的主要传染源，主要经损伤的皮肤或黏膜感染。易感动物以 3 ~6 月龄的羔羊为多见，常为群发。本病秋季多发。

（三）临床症状

潜伏期 4 ~7 d，临床主要有唇型、蹄型和外阴型，也偶见有混合型。

1. 唇型

最常见。首先在口角出现小红斑，很快变成丘疹和小结节，继而发展成水疱或脓疱，脓疱破溃后形成疣状的硬痂。整个嘴唇肿大外翻，严重影响采食，病羊日趋衰弱而死。

2. 蹄型

只发生于绵羊，多为一肢患病，常在蹄叉、蹄冠或系部皮肤形成水疱或脓疱，破裂后形成溃疡。

3. 外阴型

此型少见。

（四）防治措施

1. 预防

①防止黏膜、皮肤发生损伤。

②不要从疫区引进羊只和购买畜产品。

③免疫接种，所使用的疫苗毒株型应与当地流行毒株相同。

④发病时，应对全部羊只进行检查，发现病羊立即隔离治疗，并用2% NaOH 溶液、10% 石灰乳或20% 草木灰彻底消毒用具和羊舍。

2. 治疗

①唇型和外阴型可先用0.1% ~0.2% 高锰酸钾溶液冲洗创面，再涂以5% 碘酊甘油（1∶1），2 ~3 次/天。

②蹄型可将病蹄在5% ~10% 的福尔马林溶液中浸泡1 分钟，连续3 次；或每隔2 ~3 d 用3% 龙胆紫、1% 苦味酸或10% 硫酸锌酒精溶液重复涂擦。

③对严重病例应给予支持疗法，必要时可用抗生素或磺胺类药物。

三、绵羊巴氏杆菌病

绵羊巴氏杆菌病是由多杀性巴氏杆菌所引起的一种传染病，主要表现为败血症和肺炎。

（一）病原特征

巴氏杆菌为革兰氏阴性球杆菌。本菌抵抗能力较弱，对热及常用的消毒剂均敏感。

（二）流行病学

病羊和带菌羊是本病的主要传染源。病羊或带菌羊由其排泄物、分泌物不断排出有毒性的病菌。易感动物主要是绵羊，多发生于幼龄羊。本病一般呈散发性或流行性，无明显的季节性。

（三）临床症状

潜伏期平均为2～5 d。临床上按病程长短分为最急性、急性和慢性型。

1. 最急性型

突然发病，并且无特殊症状而出现急性死亡，多见于哺乳羔羊。

2. 急性型

体温升高至41～42℃，精神沉郁，食欲减退。呼吸急促，咳嗽，鼻孔常有出血。初期便秘，后期腹泻，病羊多预后不良，病程2～5 d。

3. 慢性型

病羊食欲废绝，消瘦，流黏性脓性鼻液，咳嗽，呼吸困难，病程可达3周。

（四）病理变化

一般在皮下有胶样浸润和小出血点。胸腔内有黄色渗出物，肺有小出血点、淤血或肝变，常有纤维素性胸膜肺炎和心包炎。胃肠道有出血性炎症，肝有坏死灶。

（五）防治措施

1. 预防

①平时应加强饲养管理和环境卫生。

②每年定期进行预防接种。

2. 治疗

①发病初期用高免血清治疗效果良好。

②青霉素、链霉素、土霉素类的抗生素和高免血清联合应用则效果较好。青霉素每次 80 万～160 万单位，土霉素和链霉素每次 0.5～1.0 克，肌肉注射，2 次/天。

③同群羊可用高免血清进行紧急接种，隔离观察一周后如无新病例出现，再注射疫苗。

四、前后盘吸虫病

又称瘤胃吸虫病，早期以腹泻为特征，而幼虫因在发育过程中移行于真胃、小肠、胆管和胆囊，可造成严重的危害，甚至导致死亡。

（一）病原特征

临床上最常见的有鹿同盘吸虫和长菲策吸虫。

1. 鹿同盘吸虫

新鲜虫体呈粉红色，形似圆锥，腹面凹下，背面突出。

2. 长菲策吸虫

新鲜虫体呈深红色，圆柱形。

（二）流行病学

中间宿主为椎实螺和扁卷螺。多雨年份的夏秋季节多发。

（三）临床症状

表现精神沉郁，食欲下降，腹泻，粪便腥臭，呈粥样或水样。肩前及腹股沟淋巴结肿大，颌下水肿。严重者衰竭死亡。慢性病例一般无症状，主要表现为消化不良和营养障碍。

（四）防治措施

1. 预防

①不把羊舍建在低湿地区，不在有片形吸虫的潮湿牧场上放牧，不让羊饮用池塘、沼泽、水潭及沟渠里的脏水和死水。

②进行定期驱虫，一般每年一次，可在秋末冬初进行。

③避免粪便散布虫卵。

④防止病羊的肝脏散布病原体。

2. 治疗

①氯硝柳胺（灭绦灵），75～80 mg/kg 体重。

②硫双二氯酚，80～100 mg/kg 体重，口服。

五、羊绦虫病

羊绦虫病是由绦虫寄生于羊的小肠内引起的疾病。

（一）病原

①莫尼茨绦虫虫体呈乳白色、带状，长1～6 m，宽16～26 mm。虫体分头节、颈节和体节。

②曲子宫绦虫虫体长可达1～2 m，宽12 mm。每个节片有一组生殖器官。

③无卵黄腺绦虫虫体长2～3 m，宽2～3 mm。节片短，分节不明显。

（二）流行病学

中间宿主为地螨，主要感染羔羊，曲子宫绦虫对羔羊和成年羊均可感染，无卵黄腺绦虫则主要感染成年羊。本病有明显季节性。

（三）临床症状

主要表现为消化紊乱、腹痛、肠膨气和下痢。动物逐渐消瘦、贫血、痉挛、精神沉郁、反应迟钝或消失，出现空口咀嚼、口吐白沫、转圈运动等神经症状。

（四）防治措施

1. 预防

①在流行地区对羊群做好成虫期前的驱虫工作。

②避免在雨后、清晨或傍晚放牧。

③有条件的地区实行轮牧。

④保护幼畜，粪便发酵处理等综合性措施。

2. 治疗

①氯硝柳胺（灭绦灵），50 ~ 70 mg/kg 体重，一次口服。

②硫双二氯酚（别丁），75 ~ 100 mg/kg 体重，配成悬液灌服。

六、羊肺线虫病

羊肺线虫病是由线虫寄生于羊的气管、支气管以及肺部所引起的疾病。

（一）病原特征

1. 大型肺线虫

虫体呈乳白色，较细。雄虫长 30 ~ 80 mm，雌虫长 50 ~ 112 mm。

2. 小型肺线虫

形态构造与大型肺线虫相似。虫体非常细小，肉眼勉强见到。

（二）流行病学

大型肺线虫在羊咳嗽时虫卵随痰液转入消化道。由感染至发育为成虫需 3～4 周。小型肺线虫中间宿主为多种螺，在肺部发育为成虫。大型肺线虫，致病力强，在春季流行，可造成羊只的大批死亡。

（三）临床症状

病羊干咳，尤其在清晨和夜间表现明显。常从鼻孔中排出黏液脓性分泌物，常打喷嚏，呼吸困难、消瘦、贫血，头胸及四肢发生水肿。羔羊发育迟缓，甚至死亡。

（四）防治措施

1. 治疗

①丙硫苯咪唑，10～15 mg/kg 体重，1 次口服。

②左旋咪唑，7.5～12 mg/kg 体重，1 次口服。

③伊维菌素，0.2 mg/kg 体重，皮下注射。

2. 预防

主要做好冬末春初的驱虫工作。

思考题

1. 简述羔羊、育成羊的饲养管理。
2. 简述种公羊和母羊的饲养管理。
3. 简述山羊的饲养管理。

第六章　羊场经营管理

第一节　养羊放牧场地的规划与使用

一、放牧量的计算

决定放牧量的因素主要有草地类型、牧草产量与品质、生长季节和所饲养羊群的种类等。不同种类羊所需牧地的大小取决于羊只的日采食量。高产细毛羊和半细毛羊采食专心，游走少，在良好草场上需要的牧地面积就小，如草场质量差需要的面积就大。不同季节羊只的采食量也有差异，通常成年羊夏秋季日需青草约5~8kg，冬春季日需干草2~2.5kg（相当于10~11kg青草）。一只成年羊全年需要上等草场面积约为10亩，中等草场约20亩，下等草场约30亩。确定放牧量，既可凭借经验估计，亦可根据羊群的组成和健康状况进行估计。更加精确的方法是用放牧试验法测算。

二、补饲饲料的用量

补饲量取决于羊群的种类、放牧条件及补饲用料种类等。对当年断奶越冬羔羊应重点补饲。对种公羊和核心母羊群的补饲应多于其他种类羊。一般每只羊日补饲0.5~1.0kg干草和0.1~0.4kg混合精料。有条件的应贮备青贮料、秸秆氨化饲料，补饲效果良好。

三、人工草场建设

①改造现有草地为高产优质的人工草地。当现有牧草地出现轻度质量下降时，可采取人工补播、施肥、加强管理等措施使草地再恢复。对破坏严重、恢复困难草地，首先应进行翻耙整地，再根据当地的气候条件重新按不同比例种植牧草，建设成优质高产稳产的人工草地。

②在农区和半农半牧区，利用农闲地种植优质高产牧草，刈割饲喂羊群，或晒制青干草，或制成青贮料，以备过冬越春之用。

③在放牧地较少的农区养羊专业户，可利用耕地进行粮草轮作，扩大饲料来源，保证舍饲羊群青绿料的供应，同时也可为羊群准备冬春补饲草料。

人工草地建成的初期，只适宜刈割，待产草量稳定时后实行有计划的分区轮牧，同时加强日常管理，定期施肥和除虫灭害。种好、管好、利用好人工草地对于提高规模化养羊专业户的经济效益具有十分重要意义。

第二节 羊场劳动管理

一、养羊劳动的特点

（一）生产活动有规律性

绵羊、山羊的生长发育、配种繁殖、产品生产等生命活动都具有一定的规律性，这种规律性是长期自然选择和人工选择的结果，是对外界环境良好适应的一种反应。养羊场和养羊专业户必须按这种规律性合理组织劳动，适时配种繁殖，细致地饲养管理，认真收获毛、肉、奶、皮等产品，才能获得养羊的最好经济效益。如果违背绵羊、山羊生命活动的自然规律，羊的正常生长繁殖便会发生紊乱，生产性能便会下降，甚至引起疾病、死亡。

（二）劳动技术性强

绵羊、山羊生产各个环节都是技术性很强的专业劳动，涉及饲养营养、繁殖生理、遗传改良、疾病防治，以及各种产品的品质鉴定、加工储藏等。从事养羊生产的劳动者应具备一定的专业知识，熟悉羊的生活习性，掌握配种繁殖技术，保证全配满怀，全活全壮，进行科学饲养，维护羊群正常生长发育与健康，才能取得良好的生产效益。

（三）养羊产品的鲜活性

羊肉、羊奶是养羊业的重要产品，是人们喜爱的动物蛋白质食品，必须保证其品质的新鲜卫生。在挤奶和奶的处理过程中，要严格按照卫生要求，防止各种污染，并尽快运送到顾客手中或交加工部门处理；肉羊屠宰应按正规方法操作，保持羊肉清洁新鲜。肉奶产品如不能保证其新鲜卫生，甚至危害人们的身体健康，产品价格就会降低，失去顾客信誉，最终会被激烈的市场竞争淘汰。

二、劳动力的组织与合理利用

（一）劳动力的组织

由于养羊生产具有严格的规律性和很强的技术性，因此必须认真组织好劳动力，要按照养羊生产季节合理组织劳动。尤其在配种产羔、剪毛抓绒、剥制毛皮等时间性很强的生产环节，要调动一切力量集中突击，按劳动强度和技术要求，分工协作共同完成。必要时可以延长每天的劳动时间，限期完成生产任务，如产羔期为了保证母羊顺利生产和搞好初生羔羊的哺养，应实行昼夜值班轮流守护；在剪毛抓绒时期要集中人力，争取在短期内完成，减少毛绒损失。

（二）提高劳动生产率

劳动生产率是指单位劳动产品与耗费劳动力之比，或者一个养羊劳动力在单位时间内（一年或一月）生产的养羊产品数量。劳动生产率是衡量养羊经济效益的主要指标之一。提高劳动生产率就是要以较少的劳动时间生产更多更好的产品，只有这样才能提高商品率和经济效益。要提高养羊生产的劳动生产率，可以采取以下措施。

（1）改善养羊的生产条件　养羊专业户要逐步改善羊舍建筑，增添养羊设备与工具，这样不仅符合羊群的正常生理要求，同时也方便了工人的劳动操作，减轻体力消耗，提高劳动质量。

（2）加强技术培训　现代养羊生产是技术性很强的生产活动，只有很好掌握养羊专业技术知识和实践技能，提高养羊劳动者的文化科技知识水平，才能搞好羊的繁殖改良、饲养管理、产品生产和疾病防治。因此，必须加强劳动者的技术培训，派出去短期学习，或雇请养羊能手和科技人员来现场指导培训。

（3）实行科学管理，落实生产责任制　养羊专业户要合理组织劳动，按专业劳动的特点和工种，统筹安排，分工包干，签订承包合同。按完成任务的数量和质量，计算劳动报酬，特别是多个家庭联营的专业养羊大户和养羊联合企业，更应严明劳动纪律，奖罚分明。

(4) 增加养羊科技投入，提高经济效益　养羊场和养羊专业户要经常注意养羊业发展的有关科技信息和市场信息，勇于和善于采用新技术，以一定的经济投入换取长远的经济效益。

(5) 减少意外性损失　养羊生产过程中难免会遇到气候突变、疾病传染和其他突发性事故造成羊群生长发育受阻，产量降低，品质下降，甚至引起羊只死亡，给养羊生产造成损失。因此，养羊场和养羊专业户必须随时注意气候预报，疫情信息，观察羊群动态，加强防疫措施，尽可能减少意外事故造成的损失。

第三节　羊场的成本核算与效益分析

一、成本与费用的构成

（一）产品成本

①直接材料指构成产品实体或有助于产品形成的原料及材料。包括养羊生产中实际消耗的精饲料、粗饲料、矿物质饲料等饲料费用（如需外购，在采购中的运杂费用也列入饲料费），以及粉碎和调制饲料等耗用的燃料动力费等。

②直接工资包括饲养员、放牧员、挤奶员等人的工资、奖金、津贴、补贴和福利费等。如果专业户参与人员全是家庭成员，也应该根据具体情况做出估计费用。

③其他直接支出包括医药费、防疫费、羊舍折旧费、专用机器设备折旧费、种羊摊销费等。医药费指所有羊只耗用的药品费和能直接记入的医疗费。种羊摊销费指自繁羔羊应负担的种羊摊销费，包括种公羊和种母羊，即种羊的折旧费用。公羊

从能授配开始计算摊销，母羊从产羔开始计算摊销。

④制造费用指养羊专业户为组织和管理生产所发生的各项费用。包括生产人员的工资，办公费，差旅费，保险费，低值易耗品损耗费，修理费，租赁费，取暖费，水电费，运输费，试验检验费，劳动保护费，以及其他制造费用。

（二）期间费用

期间费用是指在生产经营过程中发生的，与产品生产活动没有直接联系，属于某一时期耗用的费用。期间费用不计入产品成本，直接计入当期损益，期末从销售收入中全部扣除。期间费用包括管理费用、财务费用和销售费用。①管理费用指管理人员的工资、福利费、差旅费、办公费、折旧费、物料消耗费用等，以及劳动保险费、技术转让费、无形资产摊销、招待费、坏账损失及其他管理费用等。②财务费用包括生产经营期间发生的利息支出、汇兑净损失、金融机构手续费及其他财务费用等。③销售费用指在销售畜产品或其他产品、自制半成品和提供劳务等过程中发生的各项费用，包括运输费、装卸费、包装费、保险费、代销手续费、广告费、展览费等，或者还包括专业销售人员的费用。

二、成本核算

养羊专业户的成本核算，可以是一年计算一次成本，也可以是一批计算一次成本。成本核算必须要有详细的收入与支出记录，主要内容有：支出部分包括前已述及的内容；收入部分包括羊毛、羊肉、羊奶、羊皮、羊绒等产品的销售收入，出售种羊、肉羊的收入，产品加工增值的收入，羊粪尿及加工副产品的收入等。在做好以上记录的基础上，一般小规模养羊专业户均可按下列公式计算总成本。

养羊生产总成本 = 工资（劳动力）支出 + 草料消耗支出 + 固定资产折旧费 + 羊群防疫医疗费 + 各项税费等。

三、经济效益分析

专业户养羊生产的经济效益，用投入产出进行比较，分析的指标有总产值、净产值、盈利、利润等。

（一）总产值

指各项养羊生产的总收入，包括销售产品（毛、肉、奶、皮、绒）的收入，自食自用产品的收入，出售种羊肉羊收入，淘汰死亡收入，羊群存栏折价收入等。

（二）净产值

指专业户通过养羊生产创造的价值，计算的原则是用总产值减去养羊人工费用、草料消耗费用、医疗费用等。

（三）盈利额

指专业户养羊生产创造的剩余价值，是总产值中扣除生产成本后的剩余部分，公式为：

盈利额 = 总产值 − 养羊生产总成本。

思考题

1. 养羊劳动力如何组织与合理利用？
2. 简述羊场的成本与费用的构成。

主要参考文献

刘海霞，张力．牛羊生产．北京：中国农业出版社，2012.

程文超．牛羊生产技术．重庆：西南师范大学出版社，2015.

陈晓华．牛羊生产与疾病防治．北京：中国轻工业出版社，2014.

刘海霞，张力．牛羊生产．北京：中国农业出版社，2012.